預約實用知識，延伸出版價值

# 每個人的商學院

# 個人進階

## 8

培養蓄電量不衰減的
內在系統

劉潤——著

寶鼎

**每個人的商學院**

# 總目

5 管理基礎

每個人的商學院5

- 激勵
- 管理方法
- 管理自己

6 管理進階

每個人的商學院6

- 知人善任
- 治理

7 個人基礎

每個人的商學院7

- 態度
- 技能

8 個人進階

每個人的商學院8

- 知識
- 工具

1 商業基礎

- 商業的起點
- 商業的本質
- 商業的視角

2 商業實戰（上）

- 行銷
- 通路

3 商業實戰（下）

- 產品
- 定價

4 商業進階

- 創新
- 做大做強
- 戰略

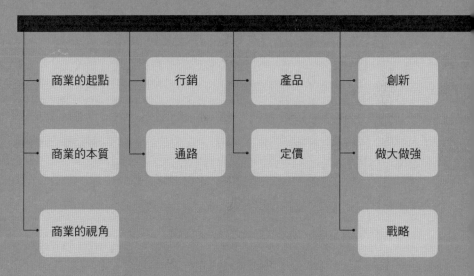

目次
CONTENTS

一致好評……009
推薦序　給不是商學院的你的第一堂商業課……010
一步步學習，成為商業世界裡的高貴紳士……012
用不到五分鐘的時間，掌握影響一生的商業思維……015

PART 1 知識

第1章 時間管理

01 **時間成本**—花時間做，還是花錢買……022
02 **GTD**—用大腦來思考，而不是記事……028
03 **背上的猴子**—每個人都應承擔自己的責任……034
04 **三八理論**—人生的不同由第三個八小時創造……040
05 **番茄鐘工作法**—人真的可以三頭六臂嗎？……046

## 第2章 職業素養

01 **通訊軟體禮儀**—讓跟你打交道的人覺得舒服……054
02 **信件禮儀**—一封好的信件到底是什麼樣的……060
03 **時間顆粒度**—怎樣做到把時間碾成粉末……066
04 **事實與觀點**—事實有真假，觀點無對錯……072
05 **職業化**—商業世界的教養……078

## 第3章 邏輯思維

01 **同一律**—白馬到底是不是馬……086
02 **矛盾律**—誰給理髮師理髮……091
03 **排中律**—生存還是毀滅，只能選一個……096
04 **三段論**—一眼看穿詭辯的五個方法……101
05 **歸納法**—幾乎所有知識，都始於歸納法……107

目次 CONTENTS

# 2 PART 工具

## 第4章 思考工具


01 **MECE法則**—透過結構看世界……116
02 **腦力激盪法**—用數量帶動質量，用點子激發點子……121
03 **心智圖**—放射性思考工具……127
04 **5W2H法**—集齊七個問題，讓思維更縝密……133
05 **5WHY法**—不斷追問，找到根本原因……139
06 **二維四象限**—對立統一的分析工具……144


## 第5章 效率工具


01 **白板**—隨時隨地創造、思考……150
02 **行動辦公**—整個世界都是辦公室……154
03 **電子閱讀器**—如何一年讀上一百本書……159

04 **知識管理**—構建大腦的外接行動硬碟……164
05 **雲端服務**—讓電子設備不再是一座座孤島……169
06 **搜尋工具**—百分之八十的問題都被回答過……174
07 **信件、行事曆、聯絡人**—你的戰馬、盔甲和長矛……180
08 **群組軟體**—把工具用起來……186
09 **休息、運動**—生活的對立面不是工作……191
10 **我的一天**—君子善假於物也……196

## 第6章 溝通工具

01 **SCQA架構**—說話沒重點是因為缺結構……204
02 **一對一會議**—把「聽我說」變為「聽你說」……209
03 **羅伯特議事規則**—怎麼開會才有效……215
04 **Scrum**—「逼死自己」的方法論……221
05 **視覺會議**—讓右腦一起來開會……226
06 **作戰指揮室**—外部變化愈劇烈，內部辦公愈集中……236

目次
CONTENTS

第7章

## 賽局工具

01 **納許均衡**—為何選擇「損人不利己」而非共贏……242
02 **囚徒困境**—如何把背叛轉為合作……248
03 **智豬賽局**—「搭便車」的占優策略……254
04 **公地悲劇**—如何避免「我不占便宜誰占」……260
05 **重複賽局**—誠信如何戰勝私利……265
06 **不完全資訊賽局**—不戰而屈人之兵……270
07 **拍賣賽局**—誰的時間最不值錢……275
08 **賽局遊戲**—有時也是吃人的陷阱……281
09 **零和賽局**—只轉移存量，不創造增量……287
10 **一報還一報**—至今無敵的賽局策略……292

## 一致好評

羅振宇——羅輯思維、得到App創始人

把經典的商業概念和管理方法，用所有人都聽得懂的語言講出來，每天五分鐘，足不出戶上一所商學院。

雷　軍——小米創始人、董事長兼CEO

性價比超高的商學院，每天五毛錢，就可以學到實用的商學院知識。

吳曉波——著名財經作家、吳曉波頻道創始人

用一盒月餅的錢，把商學院的知識濃縮在每天的服務中提供給你。

推薦序

# 給不是商學院的你的第一堂商業課

「一個分析師的閱讀時間」臉書粉絲團作者／黃瑞祥

從臺大管理學院畢業的時候，我跟許多同學一樣，心中滿滿懷疑自己到底學到什麼；在職場工作超過十年之後，才發現自己在大學裡學習的一切，都是自己能在職場有所成就的基礎。閱讀這套《每個人的商學院》，對我來說像是一趟穿越時空的旅程。每一個章節、每一個段落、每一個概念、每一個想法，都是過去在課堂上教授們提點過的、企業講師強調過的、座談講者建議過的，熟悉而且珍貴。

例如，思考問題的最基本方式：MECE法則、5W2H法、心智圖、二維四象限等，這些思考框架都能幫助我們更快速有效地解析問題、並推得結論。但關鍵在於，我們必須內化這些思考框架，才能熟練地應用於現實世界。又例如，我們到底該如何談判？如果我們已經有了希望達到的目的，該如何讓事情如願發生？這是商業世界中每天都在發生、但是多數人都搞不定的棘手議題。書中從心理學的「定錨效應」，談到權力有限、談判期限等策略擬定的方式，顛覆了許多人對於談判的常識。

是的，管理時常違反常識，因此許多商管學院的學生在畢業之後都會慢慢有種「這事情不就是這樣嗎？為什麼有些人不瞭解呢？」的感覺這是因為，管理本身就是一種專業。在臺灣，管理這項專業常常被忽視，但隨著臺灣經濟逐漸成熟、許多產業都開始趨於穩定，管理的價值勢必會愈來愈成為顯學。

在美國，管理是學士後的學程，主要意義就在於：管理是一門需要實際演練的技能，空有理論根本無益於解決問題。本書羅列了管理實務上最常見的問題，一方面能透過有趣的故事讓還沒進入職場的人能迅速建立管理思維，另一方面也讓已經進入職場的上班族照見自己的缺點。

商業書籍多如繁星，有些極端理論、有些極端抽象、有些極端個人經驗，這些書當然都很有價值，但對於非本科系畢業生、或者尚未形成自己商業知識系統的人而言，讀起來恐怕太過艱深，很難從中真正學習到什麼。建議所有非商管學院畢業的工作人，可以將這套《每個人的商學院》當作起點，先從建立觀念開始，再慢慢由淺入深地補充各種管理知識。

推薦序

# 一步步學習，成為商業世界裡的高貴紳士

方寸管顧首席顧問、醫師／楊斯棓

劉潤《5分鐘商學院》播放的內容，常常是友人聚餐時的火熱話題。繼《5分鐘商學院》套書推出後，潤總繼續端出好菜：《每個人的商學院》。

總有人感嘆：時間太少，伯樂難求，運氣不好。那怎麼做會時間變多，伯樂青睞，好運不斷？

劉潤的大作，就是專門解這幾個問號。有時明講，有時隱喻。時間顆粒度之說，就讓人恍然大悟。和顆粒度相仿的朋友往來時，彼此等速運轉。劉潤筆下讓我們知道，強者的時間顆粒度細如粉末，愚者的時間顆粒度，大過薛西佛斯（Sisyphus）之石。

## 放棄好人標籤，舉盾保護精力

劉潤提過有一種人在通訊軟體上不斷傳來「你好」、「在嗎」卻不言明目的。

這種人是浪費我們時間的罪犯。我們有兩個選擇，一種，是選擇當濫好人。我們耐住性子，跟他來個幾回合的打躬作揖確認其目的，原來對方只想請我們幫忙一些他Google就能找到答案的事情。我們擱置了自己的重要任務，卻因在乎是否擁有好人標籤，甘心被情感綁架，眼巴巴望著時間流逝。

另一個選擇，是即時舉起盾牌，保護自己時間精力。在通訊軟體上，我們可以文明地、禮貌地，把這類訊息關靜音、丟到垃圾桶。

訂定目標，做好通往目標的每一件事，需要許多精力跟時間。如果不保護自己的注意力，允許他人可以輕易剝奪我們的時間，我們永遠難以達成生命中真正重要的目標。

## 聯絡人是長矛，儲在雲端輕鬆找

臉書上常看到朋友這麼發文：「對不起，我手機故障，請加我的

LINE或手機，號碼是……。」

這種我絕對不加，光擔心是否為詐騙的潛在風險，我就承受不起了。劉潤把商務人士的信件、行事曆、聯絡人比喻成戰馬、盔甲和長矛。

針對信件，劉潤建議商務人士不要使用免費信箱。我聽從友人黃禮宏的建議，把自己過往Gmail付費信箱再升級成以自己網域為名的信件，讓與我往來的合作單位，增加一份信任感。

我慣用Google Calender，譬如下週二我邀請幾位朋友到割烹餐廳用餐，我在上面設定好時間、地點，同時還發電郵給朋友，朋友點選接受，他的Google Calender就會秀出此行程。文明人不需要電話提醒既定邀約。

至於聯絡人，我們不能依賴手機這個硬體，我們應該存在雲端。如果用iPhone手機，聯絡人儲存在iCloud，這有幾個好處：即時更新，而且萬一手機弄丟，再買一支，一同步，聯絡人名單即刻重建，豈需開口求人一一加回？

劉潤倡導的觀念，一言以蔽之，就是提醒我們不要做出商業世界裡沒教養的行為，一步步學習成為商業世界裡的高貴紳士。

推薦序

# 用不到五分鐘的時間，掌握影響一生的商業思維

職人簡報與商業思維專家／劉奕酉

做為自僱者，這些年我一直在推廣商業思維的重要性。說到商業思維，你會想到什麼？商場上如何做生意、公司如何運作、企業如何競爭等等。你可能不覺得商業思維和自己有關，如果你也認同這一點，我想你可能已經失去許多機會而不自覺。

我認為對於職場工作者來說，商業思維就是創造價值的思維。具體來說，就是在解決問題的過程，能夠更省時、省力，並且創造出更大的價值。

長期以來，我都有關注劉潤的文章，早在《每個人的商學院》這系列套書出版之前，已在網路上拜讀過《5分鐘商學院》的部分文章內容，而且獲益良多。這次有機會將這些內容重新融合，涵蓋商業、管理與個人三個部分，從個人與企業內、外的關係，到個人與自己的關係，提供完整又簡潔的商業概念，我想是讀者之福。因為你可以用不到五分鐘的時間，掌握一個商業概念。

這個概念很有可能影響你一生。更別說書中數以百計的商業概念，透過淺顯易懂的方式，讓你知道這是什麼？可以帶來哪些關聯效益？又該如何應用在日常生活與工作上？這些概念，都是商業思維的一部分。

而《每個人的商學院．個人基礎》與《每個人的商學院．個人進階》作為這個系列的最後兩本書，談的是關於「個人」的部分，這是因為：所有的問題，最後都是自己的問題。

唯有提升自己，才能在商業與管理層面上有所發揮、相輔相成。那麼，該提升哪些面向呢？知識、技能與態度，我們可以從這幾個方面做到終身學習、不斷提升自己的領導能力：

- 知識：時間管理、職業素養、邏輯思維
- 技能：學習與思考、演講與溝通、談判、創新與指導
- 態度：高效能習慣養成、情商養成

除此之外，書中也介紹了高效工作者常用的思考、效率、溝通與賽局工具，藉由這些工具的輔助可以大幅提升思考、表達與問題解決的效率與效能。

當你具備了商業思維，就會更懂得如何創造價值、提升價值。不再只是拚命地完成交辦的任務，而是懂得聰明地努力，用有效率的方式來完成工作，創造職場躍升的機會。

全書內文幣別若未特別標注，均為人民幣。

# 1
# PART
# 知識

## 第1章

# 時間管理

01 **時間成本**—花時間做，還是花錢買

02 **GTD**—用大腦來思考，而不是記事

03 **背上的猴子**—每個人都應承擔自己的責任

04 **三八理論**—人生的不同由第三個八小時創造

05 **番茄鐘工作法**—人真的可以三頭六臂嗎？

## 01

啟動亮點

**懂得計算時間成本，可以幫我們在很多事情上做出理性決策。**

# 時間成本——

## 花時間做，還是花錢買

請考慮幾個問題：你願不願意每月多花兩千元房租，搬到離公司近的住處？你願不願意為了買新手機，每天多工作二十分鐘？你願不願意省吃儉用二十多年，來供一套房子？你願不願意花一百九十九元，訂閱《5分鐘商學院》？

要回答這些問題，首先要理解一個概念：時間成本。

二〇〇六年的一天，我從上海徐家匯叫車去浦東機場。計程車司機很健談，一路上跟我聊起了他的「商業模式」：「幹我們這一行，也要用科學的方法……我每天開十七個小時的車，每小時成本三十四．六元……」

我馬上追問：「你怎麼算出來的？」他說：「你算啊，我每天要交給公司三百八十元，花大概兩百一十元的油費。一天開車十七小時，平均下來，大概每小時的錢是二十二．三元、油費十二．三元。這樣加起來，每小時的時間成本不就是三十四．六元嗎？」

我第一次聽計程車司機計算時間成本。大多數計程車司機都是計算每公里的成本。那麼，他計算時間成本有什麼用呢？

他說：「有一次一個人叫車去火車站，我告訴他從地面走會很塞，建議從高架走。乘客不同意，覺得繞遠了。我就跟他商量，從地面走的話大概五十元，只要他同意走高架，我只收五十元，多的算我的。花一樣的錢，還能幫他省時間，他當然高興了。」

這個計程車司機多繞路、少收錢，不傻嗎？其實，只要理解了「時間成本」的概念，就能理解他的決策邏輯了。多走四公里路，花的油費大概是一元；少花二十五分鐘時間，按每小時三十四．六元計算，大約節省了十四元。這省下來的二十五分鐘，他還能接送其他乘客，收入可能不止十四元。這麼算下來，多花一元，卻節省了至少十四元，他到底是傻，還是聰明？

一般的計程車司機一個月賺三千～四千元，好的大概五千元，頂級的大概七千元。兩萬個司機當中，只有兩三個能賺到每月八千元以上，這位計程車司機就是其中之一。

後來，我把這次的真實經歷寫成文章〈計程車司機給我上的MBA課〉，發表在博客上，沒想到很快在網路上流傳開來。

什麼是時間成本？

時間成本，通俗地說，就是如果把這個時間用於做別的事情，可以獲得的收益。它是一種特殊形式的機會成本。懂得計算時間成本，可以幫助我們做出理性決策。比如，一件事情到底是自己做合算，還是花錢請別人做合算。

那麼，在日常生活中該如何計算時間成本，以及如何運用時間成本的邏輯呢？

我們不妨練習一下，假如你的月收入是一萬元，每月有二十一個工作日，每個工作日工作八小時。那麼，你每小時的時間成本就是五十九·五元左右（一萬元÷二十一天÷八小時）。

接下來做場景練習。第一個場景是租房。由於租住地離公司很遠，每天往返需要兩小時。所以，你每天的交通成本就是一百一十九元（五十九．五元×二小時），一個月就是兩千四百九十九元（一百一十九元×二十一天）。假如你願意每月多花兩千元房租，搬到公司樓下，就可以節省兩千四百九十九元的時間成本。這個時候，你應該搬。

第二個場景是換手機。你花七千元買了一支蘋果手機，只用了一年就想換掉。一年大概兩百五十個工作日，相當於每天的手機使用費是二十八元（七千元÷兩百五十天），而你每小時的時間成本是五十九．五元，這意味著什麼？意味著為了買這個手機，你每天要多工作二十八分鐘（二十八元÷五十九．五元／時＝〇．四七小時）。你願不願意？很多人可能會說「不願意」，但實際上他們就是這麼做的。

第三個場景是買房子。二〇一六年上海的平均房價是四萬元／平方公尺。你想買一套一百平方公尺的房子，總價大約四百萬元。如果再算上二十年的利息，大概要花五百五十萬元。那麼，每天要賺多少錢才夠呢？

每天需要賺一千一百元（五百五十萬元÷二十年÷兩百五十天）。而你每小時的時間成本只有五十九．五元，相當於每天要工作十八．五小時。

第四個場景是訂閱《5分鐘商學院》。每期知識至少能幫你節省一小時的學習時間，一年兩百六十期，至少節省兩百六十小時。

掌握關鍵

## 時間成本

指的是如果把這個時間拿去做其他事情，可以獲得的收益。一件事情到底是自己做划算，還是花錢請別人做划算，可以用「時間成本」這種特殊形式的機會成本評估，做出理性決策。

延伸思考

**職場or生活中，可聯想到的類似例子？**

掌握亮點

**為了不因遺忘而焦慮，可以給大腦外接一個行動硬碟，把重要的事情從不可靠的大腦裡挪過去。**

## 02 GTD——用大腦來思考，而不是記事

很多人都有這樣的經歷：好像有什麼重要的事情沒做，但就是想不起來；到了第二天晨會上，老闆一問起，頓時感覺五雷轟頂，突然想起來了。早上上班，坐在計程車上，突然想到一個絕妙的主意，可是到了辦公室卻什麼也不記得了。

遺忘讓時間管理失去了意義：連做什麼都忘了，還管什麼時間！是因為年紀大了，不中用了嗎？當然不是。

瑞士巴塞爾大學的研究發現，遺忘是大腦的一種自我保護機制。大腦

透過遺忘刪除一些不必要的訊息，從而騰出空間讓神經系統正常運轉。破壞這個過程可能會導致嚴重的精神疾病。

這聽上去似乎令人感到安慰：原來「過目不忘」才是病啊！可是，有些事情明明很重要，卻也被刪除了，比如老闆交代的任務、突如其來的靈感、專案的關鍵節點等，這些都不能忘。

那該怎麼辦呢？著名的時間管理人大衛．艾倫（David Allen）認為：可以給大腦外接一個「行動硬碟」，把重要的事情從不可靠的大腦裡「挪過去」。他在《搞定》（*Getting Things Done*）叢書中提出了一套「行動硬碟」式的時間管理方法——GTD（getting things done）。

真有這麼神奇嗎？我自己用GTD管理時間已經有十幾年了，這套方法對我的幫助確實非常大。要想擺脫因遺忘而產生的焦慮，有一個最重要的祕訣：**把所有的待處理事項全部從大腦中清除出去，讓大腦用來思考，而不是記事**。這套方法有三個核心：收集、處理和回顧。

**第一，收集。**

我們需要一個「收集籃」，用來安放那些從大腦裡清除出來的事項。十幾年前，很多人會用小本子做收集，但小本子不方便檢索。如今已經是手機時代了，我們可以把所有事情收集到一些電子收集籃裡，比如Evernote。

作為電子收集籃，Evernote做得很不錯：用戶收到電子信件，可以轉發給Evernote；讀到好的微信文章，可以分享到Evernote；看到一條有啟發的新浪微博，也可以發到Evernote；在瀏覽器上看到一篇新聞，可以點擊Evernote按鈕收集；在「得到」App裡聽了一本書，可以打開文稿同步到Evernote；多看閱讀裡有很多讀書筆記，可以自動建立Evernote；突然迸發一個靈感，可以用手機端Evernote的快捷鍵收集；收到一張名片，可以拍張照自動辨識到Evernote……

清空大腦，把所有事情放入收集籃，這是GTD的第一步。

**第二，處理。**

清空大腦之後，就要處理收集籃了。在電梯裡、計程車上、等飛機時，一切零碎的時間都可以用來處理收集籃。

在處理收集籃中的事情時，有以下六種做法。

一、刪除。一時衝動放入收集籃，但事後看來無價值的事情，立刻刪除。

二、放入「歸檔」目錄。有價值的資料，比如網路文章、「多看」筆記等，移到「歸檔」目錄中。

三、放入「將來／可能」目錄。有些事情需要在某個時間去做，但不是馬上要做，比如寫一篇文章、讀一本書等，移到「將來／可能」目錄中。

四、放入「等待」目錄。有些事情需要指派其他人完成，那就立刻指派，比如讓祕書訂機票等，然後移到「等待」目錄中，再增加一個到時提醒。

五、放入「下一步行動」目錄。有些事情需要你親自完成，比如給老闆發送會議紀要、打電話給客戶做回訪等，移到「下一步行動」目錄。但是，如果是幾分鐘就能做完的事情，比如回覆一封信件，那就立刻回覆，不用再移動。

六、建立「項目」目錄。有的事情，如果下一步行動會有很多步驟，這個行動就已經是一個項目了。所以，為項目建立一個專門的目錄，定期回顧處理。

請記住這六種處理方式。一旦移出收集籃的事情就再也不要放回來。在大多數情況下，收集籃應該是空的。

**第三，回顧。**

收集是把事情從大腦中清空，處理是把事情繼續從收集籃裡清空，然後就是回顧了。比如，早上開始一天的工作之前，先想一想：今天要幹什麼？打開「下一步行動」目錄，一件一件做就好了。

如果「下一步行動」目錄是空的呢？恭喜你。這時可以看看「項目」目錄裡的事情有沒有新進展；「將來／可能」目錄裡有沒有值得做的事情；「等待」目錄裡的事情，別人是否已經完成。如果這些都完成了，太好了！但也可能是因為你太過空閒，找點事情放入收集籃吧，然後，隨時回顧、每天回顧、每週回顧。

## 掌握關鍵

### GTD

這是一套「把大腦用來思考，而不是記事」的時間管理方法，透過借助外部工具（例如 Evernote）第一步清空大腦，把所有事情放入收集籃；第二步處理收集籃，把事情按照刪除、歸檔、將來／可能、等待、下一步行動、項目的方法歸類；第三步隨時回顧、每天回顧、每週回顧，從分類中提取需要完成的事情，然後行動。GTD可以消除焦慮，讓我們專注於思考和解決問題。

## 延伸思考

**職場or生活中，可聯想到的類似例子？**

## 03

啟動亮點

「你覺得呢？」這個回答是一個神句，管理者應該對著鏡子多練習幾遍。

# 背上的猴子——

## 每個人都應承擔自己的責任

一天早上，老闆開完晨會，正拿著筆記型電腦和咖啡快速走回辦公室。這時，一位下屬攔住了他：「老闆，有件事要徵詢您的意見，占用您一分鐘……您覺得怎麼處理好呢？」老闆應該怎麼回答？

A.「我現在很忙，我想想再告訴你。」

B.「你應該這樣……」

假如你是老闆，你會選擇A還是B？

從管理，尤其是時間管理的角度看，A和B都不是正確答案。為什麼？因為你把本應由下屬照料的「猴子」抱到了自己身上。這就是著名的「背上的猴子」。

背上的猴子，是由威廉・安肯三世（William Oncken Ⅲ）提出的一個有趣理論。他在暢銷書《別讓猴子跳回你背上》（*Monkey Business*）中，把責任或者「下一步動作」比作猴子。某件事本來是下屬的責任，但是因為每個人都有逃避責任的天性，他們遇到困難時，在家依賴父母、在公司依賴老闆。像「您覺得怎麼處理好」這樣的問題，其實就是在把自己的責任——那隻「猴子」，抱到老闆面前，然後問老闆：「您幫我照顧一下這隻猴子好嗎？」

如果老闆回答「我現在很忙，我想想再告訴你」，就相當於說「好吧，先把猴子給我，你去玩會兒吧」。下屬馬上就會興高采烈地走開。但是過幾天，他會再次出現在老闆辦公室的門口，探進頭來問：「老闆，那件事您想得怎麼樣了？」

如果老闆回答「你應該這樣……」就相當於說「照我說的做，給猴子吃這個藥、打那個針」。這時，下屬也會興高采烈地走開。但是過幾天，他同樣會出現在老闆辦公室的門口，探進頭來問：「老闆，那隻猴子死了。您看下面該怎麼辦啊？」

所以，你選A，是幫他承擔決策的責任；選B，是幫他承擔決策可能失敗的責任。

假如你有十個下屬，每個人每週都扔三隻猴子給你照顧，那麼你一週要照顧三十隻猴子，牠們會爬滿你全身，讓你焦頭爛額，完全沒有時間處理自己的事情。

正確的做法是什麼呢？

當下屬問「您覺得怎麼處理好」時，老闆可以回答「你覺得呢」。這個回答有神奇的力量，管理者都應該對著鏡子多練習幾遍。

有的下屬會接著說：「老闆，我想不出來，所以才來找你的。」老闆可以這樣說：「你先找幾個人腦力激盪一下，大家一起再想想。我今天下午五點半有時間，到時候你拿出幾個方案，我們再討論。」

到了下午五點半，下屬果然帶著五個方案來了，他講完後又問：「您覺得哪個方案好？」這個時候，老闆依然可以回覆那句「你覺得呢」。

如果下屬說：「A不錯。」老闆可以說：「A是不錯，但是你有沒有考慮過這種情況……」

如果下屬說：「有道理。那我覺得B更好。」老闆可以說：「B也很好，可是如果競爭對手……怎麼應對？」

這時，下屬說：「看來，還是C最好。」老闆可以說：「太棒了！就這麼做。下週五你再來找我，我們一起看看效果如何。」

這樣一來，那隻猴子就把已經搭到老闆肩上的手，又放回到下屬身上。

組織中最基本的原則是「責權利心法」。但是，很多人都有逃避責任的心理，依賴老闆幫自己承擔決策的責任，以及決策可能失敗的責任。而有些老闆也很享受這種被依賴的感覺，結果被下屬的猴子占據了所有時間和精力，自己焦頭爛額，下屬也沒有得到成長。**背上的猴子，就是讓責任待在牠的主人身上，不要讓別人的猴子爬到你的身上。**

這是一套簡單而有效的時間管理方法。在具體執行的時候，需要注意下面五個原則。

第一，老闆和下屬都必須明確猴子——也就是責任或「下一步動作」的歸屬，不能出現「你以為在等他，他以為在等你」的狀況。

第二，老闆每次和下屬的討論、輔導，應該控制在五～十五分鐘之內，每天控制總的討論次數。

第三，只能在約定時間內討論，不耽誤老闆率先履行自身的責任。「我現在正在趕一份報告，你明天早上八點半來找我，可以嗎？」

第四，最好透過見面或者電話的形式討論，而不是信件。見面和電話是同步溝通，溝通完之後，猴子就回到下屬身上了；而信件是異步溝通，下屬給老闆寫信件，老闆沒回覆之前，猴子仍然在老闆身上。

第五，每次討論完，要約定下次溝通的時間。「下週五你再來找我，我們一起看看效果如何。」否則，可能會因為遇到困難，事情就不了了之——猴子被下屬拋棄，餓死在路上。

## 掌握關鍵

# 背上的猴子

這裡的猴子指的是「責任」或者「下一步動作」。管理者要懂得讓責任待在牠的主人身上，不讓別人的猴子爬滿你全身，結果搞得自己焦頭爛額，別人也無法成長。當下屬問「您覺得怎麼處理才好」時，正確的做法是用「你覺得呢？」來反問，幫助下屬養成「只出選擇題，不出問答題」的習慣。這樣既能節省老闆的時間，也能培養下屬的能力。

## 延伸思考

**職場 or 生活中，可聯想到的類似例子？**

啟動亮點

每天為自己爭取「不被打擾的時間」，用於投資在個人成長上，就能創造不一樣的人生。

## 04

# 三八理論——人生的不同由第三個八小時創造

你知道為什麼現在人們一天工作八小時，而不是十小時或者六小時嗎？

一八一七年以前，社會普遍的工作時間是十四～十六個小時，高強度的體力勞動會導致二十多歲的小夥子早早白頭。這一年，著名實業家羅伯特．歐文（Robert Owen）提出了「八小時工作，八小時自由支配，八小時休息」的口號，但是資本家不接受。直到一八八六年，美國三十五萬工人忍無可忍，舉行大罷工，才換來了今天的八小時工作制。

前人用生命抗爭，好不容易為我們爭取到「八小時自由支配」的時間，今天我們是如何支配的呢？有人說，「我全用來玩遊戲了」；有人說，「我追了幾百集的韓國電視劇」；有人說，「我好像什麼都沒幹，時間就過去了」。

上天公平地給了每個人每天二十四小時。第一個八小時，大家都在工作；第二個八小時，大家都在睡覺；第三個八小時，你會幹什麼呢？**人與人的區別，其實主要是由第三個八小時造成的，這就是著名的「三八理論」**。

我第一次聽說三八理論的時候感到渾身一震。如果我們每天花兩小時上下班，兩小時吃三餐，兩小時休息娛樂（比如購物、看電視、一個人發呆、滑手機等），那真正可支配的時間就只有兩小時了！算完這筆帳之後，我開始把「善用第三個八小時」作為自己最重要的時間管理手段之一。

具體應該怎麼做？我分享自己的幾個感悟。

## 第一，找到「不被打擾的時間」。

三八理論的核心是每天要從萬千瑣事和突發狀況中，爭取出二～四小時「不被打擾的時間」。很多事情，比如學習、寫作、思考，只能在「不被打擾的時間」裡完成。連續的、不被打擾的兩小時，其價值遠遠超過八個十五分鐘。

到哪裡去找這二～四小時？假如你每天下午六點下班，吃完晚餐的時間最早是八點，最晚是八點半。這時你就可以開始一段不被打擾的時間了，一直到晚上十一點。這二～三小時非常寶貴，但可惜的是，這段時間通常也是朋友們最亢奮的時間，他們會不停地打電話、發簡訊、滑社群網站，所以，你需要有足夠的定力。

下班後的兩個小時，大多數人都塞在回家的路上，或者在餐廳門口排隊。你還可以試著把自己關在辦公室，給自己安排不被打擾的兩小時，然後在離峰時間回家、吃晚餐。

再或者，每天提前一～兩小時到辦公室。比如，我每天早上八點到辦公室，整個房間裡只有我一個人，這非常清醒的一小時甚至可以當兩小時來用。

**第二，分清「交易、消費和投資」。**

時間有三重特性：交易、消費和投資。你支付給老闆每天八小時、每月一百六十八小時（按每月二十一個工作日來算），老闆回報給你每月一萬元的工資，這是交易；你把自己珍貴的二～四小時「不被打擾的時間」拿來玩遊戲、看電視劇、滑手機等，這是消費；你把這段時間用來學習《5分鐘商學院》，這就是投資。

有人問：那我就不能玩遊戲、看電視劇了嗎？當然不是，遊戲可以玩、電視劇可以看，但是請用別的時間。別的時間在哪裡？那就看每個人的安排了，比如，等電梯的時間、坐計程車的時間……什麼時間都行，只要保證把「不被打擾的時間」用於投資。

有人又問：如果時間不夠怎麼辦？有可能的話，你可以搬到離公司近的地方住。我家離我的辦公室只有兩百公尺，這讓我感覺自己每天都比別人多了兩小時。或者用叫車、坐捷運代替開車，這樣又能省出把雙手放在方向盤上的時間了。

**第三，持之以恆，日拱一卒*。**

有的人會心血來潮，某天突然愧疚式地學習兩小時，甚至五小時，但都是沒用的。

我從二〇〇三年開始堅持寫博客，到二〇〇六年寫出〈計程車司機給我上的MBA課〉一文，然後又堅持寫了十年專欄，到二〇一六年才寫出大家今天看到的課程《5分鐘商學院》。所以，持之以恒，日拱一卒，才會有成效。

*出自《法華經》「日拱一卒無有盡，功不唐捐終入海」，意指每天像象棋的棋子那般前進一點點，每天努力一點，終會有所成就。

掌握關鍵

## 三八理論

上天公平地給了每個人每天二十四小時。第一個八小時，大家都在工作；第二個八小時，大家都在睡覺；而人與人的區別，其實主要是由第三個八小時造成的。怎樣才能善用第三個八小時，創造不一樣的人生呢？第一，找到「不被打擾的時間」；第二，分清「交易、消費和投資」；第三，持之以恆，天道酬勤。

延伸思考

**職場 or 生活中，可聯想到的類似例子？**

啟動亮點

到底多小的時間切片、多快的切換速度，是人腦最佳的工作頻率？

05

# 番茄鐘工作法——人真的可以三頭六臂嗎？

你有沒有遇到過這樣的情況？你正在準備第二天會議的演講稿，一位朋友打電話過來向你大吐苦水，你不得不一邊聽著他的抱怨，一邊吃幾口快要冷掉的午餐。這時，電腦螢幕上跳出信件訊息，你順手點開，發現居然是個搞笑段子，你忍住不笑出聲來讓朋友聽見。關掉信件，掛斷電話之後，再回到演講稿上來，卻發現腦子一片空白，只好鬱悶地喝了口湯……

我們常常夢想自己有三頭六臂，或者能像電腦一樣，同時處理好幾項任務。人真的可以三頭六臂嗎？真的可以同時處理好幾項任務嗎？

學過計算機原理的人都知道，電腦同時處理多項任務，其實是把CPU的計算時間切成足夠小的時間切片，然後快速地輪流使用而已。也就是說，所謂的「多任務」，其實是高速切換的單任務。比如我的筆記型電腦，它把一秒鐘切成二十二億份，供各個軟體輪流使用，切換的速度快到讓人完全感覺不出來。

那麼人腦呢？人腦中有一個叫「丘腦網狀核」（reticular thalamic nucleus）的組織，其作用和電腦的任務切換機一樣。當然，人腦切換任務的效率遠不如電腦。假設一個人正在專心致志地做一件事情，突然被電話打斷，哪怕只打斷一分鐘，他想要重新集中注意力至少需要幾分鐘，甚至十幾分鐘。也就是說，**人腦每一次切換任務，都有可觀的時間成本。三頭六臂式的多任務模式不但不會節省時間，還會造成大量的時間浪費。**

於是，很多人都在研究，到底多小的時間切片、多快的切換速度，是人腦最佳的工作頻率。一九九二年，法蘭西斯科．西里洛（Francesco Cirillo）發明了「番茄鐘工作法」（Pomodoro Technique）。

番茄鐘工作法就是指把人腦當作CPU，切割成以三十分鐘爲單位的時間切片——每次集中精力工作二十五分鐘，休息五分鐘。因為可以用廚房常用的番茄鐘來計時，所以被稱為「番茄鐘工作法」。

從時間管理的角度看，番茄鐘工作法其實就是用合適的時間顆粒度來保證注意力的專注度，節省任務切換導致的時間浪費。

具體怎麼做呢？非常簡單，買個番茄鐘（蘋果鐘、西瓜鐘都行），然後坐到桌前，從GTD的「下一步行動」目錄中，拿出一件事情來，就可以立刻嘗試番茄工作法了。為了獲得最好的效果，有幾個地方需要注意。

**第一，防止被打斷。**

一次打斷會帶來兩次大腦任務切換，一來一回可能就會浪費幾分鐘。番茄工作法的關鍵是防止被打斷，全神貫注二十五分鐘。

最被動的打斷往往來自電話。你可以關掉手機，或者設置成勿擾模式，只允許老闆、家人的電話打進來。把簡訊設置成自動回覆：「現在正忙，稍後給您回電。謝謝。」要是老闆真的打電話來呢？接通之後，如果不是急事，可以禮貌地說：「老闆，我知道了，我三十分鐘後回覆您可以嗎？」

最誘人的打斷來自LINE。關閉LINE和所有App的提醒功能。那些動不動就叮一下、震一下、亮一下螢幕，而且還不能關閉的App，我一律卸載。

最難防的打斷來自自己。有時候，一件事情會突然出現在我們腦海中。比如想起忘記訂火車票，或者冒出來一個靈感。你可以放一張紙在手邊，或者打開電腦上的記事本，快速地用幾個字記下這件事情，然後把它清除出大腦，繼續專注二十五分鐘。必須堅決拒絕打斷，否則就不要拿出番茄鐘。

**第二，努力進入心流體驗。**

心流體驗是一種忘我的狀態——某人才思泉湧，通常半小時過去了，他覺得就像過了幾分鐘一樣。努力讓自己進入心流體驗會達到事半功倍的效果。

那麼，怎麼進入心流體驗？絕對安靜也許並不能幫助每個人進入心流體驗。相反，在一些背景音下，比如流水聲、下雨聲、風聲、咖啡廳的喧嘩聲，甚至是電視機的雪花音，很多人更容易專注。如果你需要這些背景音的話，可以在手機下載一個叫「白噪音」的App。

另外，半小時對於心流體驗來說或許不夠。這也是很多人批評番茄鐘工作法的地方。強制性地設置每半小時一個番茄鐘，會粗暴地打斷心流，休息五分鐘之後，可能再也回不去了。所以，我個人的做法是：設置「二十五加五」的小番茄和「五十加十」的大番茄。處理雜事用小番茄；在寫作時用大番茄。

**第三，要專注，也要休息。**

用電腦時間長了，電腦會發燙；用大腦時間長了，大腦也會發燙。所以，要保證番茄鐘之間的休息時間。另外，專注可能讓人限於局部，休息則有助於把人拉回到全局。

掌握關鍵

## 番茄鐘工作法

番茄工作法是把人腦當成CPU，切割成以三十分鐘為單位的時間切片，每次集中精力工作二十五分鐘，休息五分鐘。這是一種用合適的時間顆粒度來保證注意力專注度的工作方法。執行番茄鐘工作法時，有幾點須注意：第一，防止被打斷；第二，努力進入心流體驗；第三，要專注，也要休息。

延伸思考

**職場or生活中，可聯想到的類似例子？**

第2章

# 職業素養

01　**通訊軟體禮儀**—讓跟你打交道的人覺得舒服

02　**信件禮儀**——封好的信件到底是什麼樣的

03　**時間顆粒度**—怎樣做到把時間碾成粉末

04　**事實與觀點**—事實有真假，觀點無對錯

05　**職業化**—商業世界的教養

**啟動亮點**

**職場素養，就是讓別人覺得舒服。如果別人（尤其是客戶）覺得舒服的方式變了，那麼我們也得跟著變。**

01

# 通訊軟體禮儀——讓跟你打交道的人覺得舒服

我職業生涯的第一課，叫professionalism（職業化），這門課讓我受益匪淺。通過這門課，我學到的不是什麼「硬知識」，而是一些細枝末節，比如，獨自搭計程車，應該坐在哪個位置？如果老闆開車，應該坐在哪兒？如果老闆開車、上級也在，應該坐在哪兒？如果老闆開車、上級也在、同行的還有一位女士，應該坐在哪兒？等等。

有的人可能不耐煩了：有必要搞得這麼複雜嗎？隨便找個空位坐下就行了，別人不會在意的。其實，我從這門課中獲益最多的，是這些職業化問題背後的思維方式：永遠要站在「對方舒不舒服」的角度考慮問題。**讓跟你打交道的人感覺舒服，這就是職業化**。我們把享受這種職業化並給別人帶來舒適社交的人，稱為有教養的人。

網路時代的快速變化，給很多過去的有教養的人們出了難題。他們逐漸意識到，過去某個場景下的職業化行為，在新時代背景下可能變得不禮貌，甚至還會造成很多問題。所有的商業人士都需要上一堂「網路時代的職業化」課程，理解在新時代與客戶、夥伴，甚至是自己的員工打交道的方式。

有一位朋友告訴我，他們公司的客服人員被客戶投訴，原因是客服和客戶聊完之後，發了一個「微笑」的表情過去。他的本意是示好，沒想到卻被誤會了。這聽上去很不可理喻，但是在如今的社交媒體中，微笑表情已經在某種程度上含有貶義——我就靜靜地看著你，不說話。

有些人可能會拍案而起：這是誰定義的？在我的字典裡，微笑表情就是友好的意思。然而，我問了自己身邊幾位年輕的夥伴，他們都不這麼認為。這就是可怕的代溝。

網路上流傳過一則笑話：一個年輕人看到自己父母的微信聊天記錄，媽媽給爸爸發了三個微笑表情。年輕人以為父母吵架了，生怕他們下一秒就要打起來，趕緊打電話詢問，結果媽媽說：「我們沒事啊，我覺得微笑表情挺好的，就發了。」

職業化，就是讓別人覺得舒服。如果別人（尤其是客戶）覺得舒服的方式變了，那麼我們也得跟著變。這其實是很多傳統企業在向網路轉型的過程中遇到的底層文化障礙——他們不是不願意接受，而是根本不知道、不理解網路時代的文化。

表情符號是職業化在通訊軟體禮儀方面的一個體現。類似的高危表情還有「微笑揮手」，在很多通訊軟體語境下，它已經不是「再見」的意思，而是笑著說「再也不見」。

通訊軟體裡的交流方式也有變化。比如，一個人發過來「你好」，如果彼此之間不太熟，大多數人會選擇不回覆這條消息（尤其是在忙的時候）。但如果這個人因為沒得到回覆，鍥而不捨地又發過來一句「在嗎」，這就有問題了。通訊軟體中問對方「在嗎」，就像過去問別人「你有男朋友嗎」。不是完全不能問，關鍵要看是誰問——你和對方很熟嗎？

為什麼會這樣？這是溝通工具的特性導致的。比如，電話是一種同步獨享的溝通工具，你願不願意和對方溝通，可以透過按不按「接聽」鍵來決定。一旦按下，就意味著你同意分配一段獨享的時間給對方，然後雙方用「你好」、「你也好啊」的言語互相問候，用「對」、「是的」來確認收到對方的訊息，彼此同步。

信件是一種異步分享溝通工具。你願不願意和對方溝通，是透過回不回覆信件來決定的；就算選擇回覆，從收到信件到回覆信件的這段時間也不是獨享的，而是可以分配給很多人共享。比如，你可能一邊思考如何回覆，一邊做著其他的事情。直到對方收到你的回覆，雙方才會進行下一步溝通，這就是異步模式。

由此可見，打電話和發信件需要完全不一樣的職業化表現。在通電話時，你需要不斷回應，讓對方知道你一直在與他同步；而信件要有標題，正文要做到觀點明確、邏輯清晰，以便在有限次的信件往來中提高溝通效率。

如果把主流溝通工具按照同步、異步的程度來排序，同步性從高到低的溝通方式依次是：電話、QQ、簡訊、信件。微信則是介於QQ和簡訊之間的狀態。使用微信時存在這樣的情況：如果說某人「在線」，但是他正在開會、過馬路或開車，不方便回覆；如果說他「不在線」，他可能又正在跟別人聊著微信；還有可能他這一分鐘正聊著微信，下一分鐘就要開會了。所以，當你問別人「在嗎」的時候，考慮過別人該怎麼回覆嗎？萬一別人回覆「在」，然後就開會去了，你接下來再說什麼都得不到回應，你肯定會覺得對方不禮貌；可如果別人回覆「不在」，你心裡會更加不滿：明明回覆了，還說自己不在，究竟什麼意思？

所以，身邊有很多朋友都對我說，最反感那種一上來就問「你好，在嗎」的人。這些人把電話或QQ的職業化方式照搬到微信中，試圖表示禮貌，不曾想卻啟動了一段鎖死獨享時間的溝通，弄巧成拙。

正確的做法應該是什麼？先說一句「你好」，然後有事說事，簡短地說清楚自己的意圖。這樣就給了對方足夠的時間來選擇要不要回覆，或者如何回覆，讓對方感覺舒服。

掌握關鍵

## 通訊軟體禮儀

別在通訊軟體上丟一句「你好，在嗎」；說句「你好」，接著有事就直說，給對方足夠的自由時間選擇要不要回覆或者如何回覆，讓對方感覺舒服，這才是有職場素養的表現。

延伸思考

**職場 or 生活中，可聯想到的類似例子？**

啟動亮點

有很多人，這輩子你都不會當面見到，你給他留下印象的唯一方式就是信件，見字如晤。

02

# 信件禮儀——

## 一封好的信件到底是什麼樣的

假設你收到一封這樣的電子郵件：郵件標題是「你好」，寄件人姓名是「還好只是近黃昏」。你猜想這是一封垃圾信件，正準備刪除，但為了穩妥起見，還是打開瞟了一眼。結果，這封信件居然是供應商寄過來的方案和報價！你趕緊翻到信件末尾，準備下載方案和報價附件，可卻什麼也沒找到。你去問對方怎麼回事，對方回覆一句：「啊！忘了添加附件了。我再寄一遍。」

你會怎麼看待這位供應商？換作是我，我會覺得能不合作就不合作，因為太不可靠。

我建議管理者做一個測試：找五名與客戶打交道最多的員工，隨機抽取他們的工作往來信件，注意一下信件的標題、問候語、文字分段、措辭、字體、顏色和署名等。我猜管理者看完後會出一身冷汗——原來客戶是被我們自己逼走的啊！

一九九九年，我以工程師的身分加入了微軟。當時，微軟僱了十幾位語言專家校對每一封信件。對於信件的每個細節，他們都有十分嚴格的標準：信件標題怎麼寫，怎麼問候，第一句話寫什麼，什麼時候用阿拉伯數字「1、2、3」，什麼時候用英文單詞「one、two、three」，如何署名等。不僅單詞和語法不能錯，還要講究「信、達、雅」。所有工程師都會經歷一段被語言專家折磨得死去活來的時期，等到圓滿「畢業」之後，才能直接給客戶發信件。有一次，我問語言專家團隊的負責人：「有必要這麼嚴格嗎？」她說：「你想像一下，有很多人，這輩子你都不會當面見到，你給他留下印象的唯一方式就是信件。」聽了她的這句話，頓時有醍醐灌頂之感。我想，這就是中國人常說的「見字如面」吧！

一封好的信件到底應該是什麼樣的？信件禮儀和與人見面的基本禮儀一樣，不追求打扮得花枝招展，但要乾乾淨淨。簡潔、乾淨是基礎，然後才是個人風格。具體怎麼做？

**第一，正式的顯示名稱和總結性的標題。**

我們收到信件首先會看兩個訊息：對方的顯示名稱和信件標題。所以，信件禮儀的第一步就是用真名，比如「劉潤」或者「潤米咨詢——劉潤」。過於個性化、詩意化，尤其是「二次元」的名字可以用於即時通訊軟體簽名，但不要用在商務信件裡。

標題是全文的概括，最好能在二十字以內總結核心內容。所以，像「你好」、「來自××公司」、「報價」等，這些都不是好的信件標題；而「請審閱：X公司關於Y專案的方案和報價」才是好標題。

**第二，簡單大方的格式。**

一封好的信件一定是簡單大方的。格式要讓位於內容，盡量少用不同顏色、不同大小的字體排版，更不要用背景圖，甚至背景音樂。真正的高手撰寫信件，正文都是一種字體、一樣大小、一種顏色，並且只用三種方式來排版：分段、縮排和加粗。分段負責閱讀邏輯，縮排負責層次關係，加粗負責突出重點。所有複雜花俏的內容，基本都可以用這三種方式呈現。

**第三，邏輯清晰的正文。**

外國人喜歡稱呼對方「Dear ××」，你可以說「尊敬的××」；外國人喜歡用「I hope this E-mail finds you well」開場，你可以說「展信愉快」。

問候之後，信件正文一定要分段，每段只講一件事。每段文字的首句是對整段的概括；盡量用小段，不要用大段；用短句，不要用長句；用簡單的詞，不要用複雜的詞；能用一百個字講清楚的事情，不要用一百零一個字。

結尾部分總結信件內容。首先，要跟對方強調需要跟進的事情，比如「懇請您撥冗回覆修改意見，非常感激」。其次，附上簡短的祝福語，比如「祝：商祺」；親密一些的可以寫「祝：春安」；再親密一些的可以寫「祝：家人都好」。最後，記得署名，比如「劉潤，潤米咨詢」。

**第四，良好的回信習慣。**

收到信件盡快回覆，這代表了你的能力、效率以及對對方的重視程度。回信的專業性代表你的職業化程度。

要善用副本、密件副本、回覆、回覆所有人等功能。起草稿信件時，就要決定副本哪些人，能做到「一個不多、一個不少」是功力；回覆信件時，添加、刪除、移動副本者，這些操作更考驗功力。如果寄件人同時副本給多人，通常需要選擇「回覆所有人」，而不僅僅是回覆寄件人本人，因為副本的目的就是希望大家都能持續關注信件對話。當然，如果你覺得沒必要有這麼多人關注，可以把一些人從副本移到密件副本，然後在正文中註明「為了不打擾大家，我把××移到了密件副本」。這樣，相關人等就會知道，從下一封信開始，他們將會離開討論。

如果信件來來回回太多次，甚至討論的主題都發生了變動，那麼就可以修改主題，或者寫一封新信件，而不是「Re：Re：Re……」

在按下「傳送」鍵之前，務必再次檢查信件標題、稱呼、文字、附件等要素，直至確認無誤。

## 掌握關鍵

### 信件禮儀

信件禮儀如同與人見面的基本禮儀，要保持簡潔乾淨的形象。

想要寫好一封信，具體做法有四個：第一，正式的顯示名稱和總結性標題；第二，簡單大方的格式；第三，邏輯清晰的正文；第四，良好的回信習慣。

## 延伸思考

**職場 or 生活中，可聯想到的類似例子？**

啟動亮點

恪守時間是職業化的基本要求。為什麼很多人不守時？因為他們的時間顆粒度過於粗獷。

03

# 時間顆粒度——

## 怎樣做到把時間碾成粉末

二〇一六年十二月，網路上流傳一張王健林的行程表。這位六十多歲的中國首富，早上四點起床健身，然後飛行六千公里，先後出現在兩個國家、三座城市，晚上七點再趕回辦公室，繼續加班。

王健林的行程表公開後，網友們紛紛表示「受到一萬點傷害」，最可怕的事情不過如此：比我成功無數倍的人，居然比我更努力！這其實一點都不奇怪，有不少成功人士的努力程度是外人無法想像，甚至不願想像的。從王健林的這張行程表裡，我看到一樣東西——職業化。我在朋友圈裡寫道：外企高階主管們，很多遠不到首富級別的同志們，都是這樣的……時間顆粒度，可以看出一個人的職業化程度。

什麼叫時間顆粒度？

時間顆粒度是一個人安排時間的基本單位。根據行程表，王健林的時間顆粒度很細，大約是十五分鐘。比如，和某位主管會見，這件事情很重要——安排十五分鐘吧！

另一個把時間切成顆粒的人是全球首富比爾·蓋茲（Bill Gates）。英國《每日電訊報》（*Daily Telegraph*）的一位資深記者說，蓋茲的行程表和美國總統類似，基本時間顆粒度是五分鐘。他的一些短會，或者像與人握手這樣的事情，則按秒數安排，讓人不禁感嘆：這哪裡是把時間切成顆粒，簡直是把時間碾成粉末！這種「按秒數安排」的情況並非誇大，我就親眼見過。

二〇〇二年，比爾·蓋茲到訪中國，在北京香格里拉飯店參加一些重要會面。微軟中國的同事們為了他的到來，一遍又一遍地測量：從電梯口到會議室門口要走多少步、要用幾秒鐘。我當時就在現場，親眼見到每個會議室都坐著一位等著他握手、簽字的重要客人。蓋茲來了之後，一個房間一個房間地握手、簽字、拍照、離開，幾乎分秒不差。

每個人都有自己的時間顆粒度。王健林是十五分鐘，蓋茲是五分鐘，而大部分人是一小時、半天，甚至一天。恪守時間是職業化的基本要求。為什麼很多人不守時？因為他們的時間顆粒度過於粗獷。

有一次，中央電視台打算採訪王健林，結果主持人和攝影製作組遲到了三分鐘，王健林當著他們的面，坐著車絕塵而去。這位主持人感慨地說：「一分鐘不等，一點臉不給，老王就是霸氣。」其實不是王健林霸氣，而是他的時間顆粒度只允許騰出一小時來接受採訪。主持人無法理解，對一個時間顆粒度是十五分鐘的人來說，三分鐘意味著什麼。

「是否恪守時間」是衡量一個人在商業世界中是否職業化的一個重要標準。理解了時間顆粒度的概念，你就會明白：恪守時間，其實是理解並尊重別人的時間顆粒度。具體應該怎麼做？

**第一，理解別人的時間顆粒度。**

理解是尊重的前提。當時間顆粒度為一小時的人評價時間顆粒度為十五分鐘的人時，他的心態往往是：至於嗎？要什麼大牌？時間顆粒度為一天的人喜歡說：「你到北京了？那怎麼不順便繞到天津來看我一下啊？」時間顆粒度為半天的人喜歡說：「你下午在辦公室嗎？我過來找你聊聊天。」時間顆粒度為一小時的人喜歡說：「路上塞瘋了，我還有一會兒就到，你等我一下啊。」時間顆粒度為半小時的人喜歡說：「這事兒微信裡說不清楚，我給你打電話吧。」

這些話都沒錯。但是如果別人不去天津看望你、拒絕你的臨時到訪、不諒解你的遲到，或者不接你的電話，你要理解，那只是因為他的時間顆粒度和你不同。

**第二，提升自己的時間顆粒度。**

檢查一下自己的時間顆粒度。看看你平時約人開會，一般會占用多長時間。如果通常都是半天，那麼你的時間顆粒度就是半天。如果真是半天，你也不用自責，因為隨著個人愈來愈成功、時間愈來愈值錢，你的時間顆粒度一定會變得愈來愈細，這是自然而然的事情。

但是，當和別人打交道的時候，具有職業素養的商業人士會懂得，至少以三十分鐘為單位安排時間，以一分鐘為單位信守時間。這就是職業化。

**第三，善用行事曆管理時間顆粒度。**

如今的電腦、手機都自帶行事曆工具。建議大家把所有行程安排都放入行事曆，而不是大腦中，然後利用工具逐漸管理愈來愈細的時間顆粒度。關於工具，我個人比較喜歡用Outlook（微軟辦公軟體套裝的配件之一），大家也可以用其他方便易用的工具。

## 掌握關鍵

# 時間顆粒度

這是一個人管理時間的基本單位。有些人的時間顆粒度是半天，有些人的是十五鐘，也有些人的時間顆粒度是五分鐘。在商業世界裡，擁有受人尊敬的職業素養，恪守時間是基本要求。而恪守時間的本質，就是理解並尊重別人的時間顆粒度。

## 延伸思考

**職場 or 生活中，可聯想到的類似例子？**

04

啟動亮點

如果有人認為只有自己的觀點才是無可辯駁的，那麼他就相當於在商業世界中持有「地心說」而不自知。

# 事實與觀點——

## 事實有真假，觀點無對錯

我問幾個找麻煩的問題：你覺得，某作家的書是不是別人代筆的？或者，你覺得中醫是不是偽科學？上帝是不是一些人的臆想？

大家不用著急回答，我甚至都不建議大家在公開場合隨便回答這些問題，因為它們都是能讓好朋友爭論到面紅耳赤，從此割席斷交的「分手題」。為什麼會這樣？因為大家在討論這些問題之前，往往都沒有分清楚，自己討論的到底是一個事實，還是一個觀點。

什麼是事實，什麼是觀點？

舉個簡單的例子。比如「今天天氣好熱」，這是事實還是觀點？有的人可能會想：天氣變熱或變冷是自然規律，不以人的意志為轉移，應該是事實吧。這麼想就錯了。「今天天氣好熱」不是事實，而是觀點。那什麼才是事實呢？「今天氣溫攝氏三十度」才是事實。至於在攝氏三十度的氣溫之下覺得熱還是覺得冷，每個人都可以有不同的觀點。或許有人要接著反駁：「攝氏三十度還覺得冷？這不是有病嗎？」但是，就算全世界百分之九十九．九九的人都覺得熱，我們也不能說那百分之○．○一的人覺得冷就是錯的。

事實有真假，但是觀點只要符合兩點就沒有對錯之分：第一，不違反事實；第二，邏輯自洽（self-consistency）。如果有人認為只有自己的觀點才是無可辯駁的，任何與之相悖的事情都是錯的，那麼他就相當於在商業世界中持有「地心說」而不自知。

**職業化的基礎是尊重，尊重的基礎是理解，理解的基礎是接受不同，接受不同的基礎是能夠區分事實和觀點。**

什麼是事實？

事實就是在客觀世界中可以被證實或者證偽的東西。有人說：「小龍蝦是日軍的化學武器。」這個「事實陳述」可能為真，也可能為假。如果你不信，可以不搭理。如果你打算搭理，就不要說「我真為你的無知感到羞恥」，這樣雙方很可能會打起來。你可以說：「請問你是怎麼確定的？」這就是一種證實或者證偽的態度。

如果他回答：「我從一篇微信文章中看到的。」你千萬別說「真為你的判斷力感到羞恥」，這時可以說：「我在微信裡看到過不少謠言，比如……後來都闢謠了。你確定那篇文章一定屬實嗎？」這才是一種證實或者證偽的態度。

關於事實，不需要辯論，只需要驗證。

那麼，什麼是觀點呢？

觀點就是在一套認知體系中，不違反事實、邏輯自洽，因此無法被證明對錯的東西。

比如有人說：「iPhone 是最好用的手機」——這是觀點，不是事實。你問他為什麼這麼認為，他回答：「因為 App 最多啊！」這說明在他的認知體系裡，App 多的手機就是好手機。

如果你繼續問：「為什麼App多的手機就是好手機？」他可能會驚訝地望著你：「這是共識啊！」這就說明他是一個「地心說患者」，認為自己所持的道理就是世界運行的公理。

但是話說回來，他認為App多的就是好手機，這有錯嗎？其實沒錯。在他的認知體系裡，他當然可以這麼認為。如果你硬要糾正他「你錯了，**iPhone**太封閉了，系統開放的手機才是好手機」，這時候，你就和他一樣，也變成了「地心說患者」。實際上，像這樣爭來爭去是不會有結果的，因為你們爭論的不是「**iPhone**是不是最好用的手機」，而是「到底什麼樣的手機才是好手機」的認知體系，但其實只要雙方的認知體系不違反基本事實，又能邏輯自洽，也就是能自圓其說，就永遠不會被對方說服。

那麼，職業化的表述應該是怎樣的呢？你可以說：「站在App多少的角度，如果數據支持，**iPhone**可能確實是最好用的手機。但是從系統是否開放的角度，我個人認為**iPhone**並不是做得最好的。僅供你參考。」說完這句話，你就會發現，大家立刻沒什麼好辯論的了。

美國人從小學就開始接受教育，學習區分「事實」和「觀點」。

很多美國人喜歡說「interesting」（有意思）。當一個美國人這麼對你說時，不要以為他認同了你的觀點，這句話的真實意思可能是：你居然是這麼看待這件事的。也就是說，他並不認同你的觀點，但是認同你可以有自己的觀點。

掌握關鍵

## 事實與觀點

事實，就是在客觀世界中，可以被證實或者證偽的東西；觀點，就是在一套認知體系中，不違反事實，邏輯自洽，因此無法被證明對錯的東西。事實有真假，觀點無對錯。遇到不同觀點時，沒必要爭得面紅耳赤甚至斷交；試著學會說「有意思」，接受彼此的不同。

延伸思考

**職場or生活中，可聯想到的類似例子？**

啟動亮點

**如果你夠尊重別人，在商業世界中表現出職場素養，就能贏得別人的尊重，降低與整個世界的信任成本，獲得更大的商業成功。**

05

# 職業化——

## 商業世界的教養

前文講了有關「職業化」的概念，通訊軟體禮儀是職業化、信件禮儀是職業化、尊重別人的時間顆粒度是職業化，分辨事實和觀點也是職業化，似乎「好的東西」都是職業化。

關於職業化，我非常喜歡這樣一種解釋：職業化是商業世界的教養。

什麼是教養？

假設大雨剛停，馬路上有很多積水。一位司機開車從行人後方駛來，行人趕緊向旁邊躲避。這時，司機踩剎車減速，緩緩經過，沒有濺起髒水，直到開出很遠之後才重新加速。這就是教養——一種對自己利益和別人得失的分寸拿捏。

司機繼續往前開，到了一個開闊的三岔路口，他看見了「暫停」的標誌，但四面無車，也沒有行人。這位司機沒有減速轉彎，而是按照交通標誌把車完全停住，先左右看看，再重新啟動汽車，然後右轉前行。這就是教養——一種在既定規則之下，對自己的克制。

**教養的本質就是對外的分寸感和對內的克制力**。排隊買票、不大聲喧嘩、不亂丟垃圾、手扶梯靠右站等，都源自這種分寸感和克制力。因為你尊重別人，所以別人也會尊重你、信任你。從長遠來看，你會得到更多人的幫助，最終獲得更大的個人成功。

在商業世界也是一樣。我們每天都要與很多客戶、合作夥伴、供應商、競爭對手打交道，如果能夠做到足夠尊重別人，在商業世界中表現出高超的教養，也就是職業化素養，不僅合作夥伴會尊重、信任我們，就連競爭對手也會覺得我們值得敬重，從而不斷降低信任成本，積累愈來愈多的影響力和勢能，最終獲得更大的商業成功。

用商業世界中的教養——尊重別人使用通訊軟體的方式、尊重別人查收信件的習慣、尊重別人的時間顆粒度、尊重別人的觀點——贏得別人的尊重，降低與整個世界的信任成本，就是所謂的「職業化」。在商業文明愈來愈發達的今天，職業化可以幫我們避免在不經意間損失別人對自己的尊重和信任。

反過來看，有哪些行為是非職業化的表現呢？

**第一，失信。**

有些人很喜歡說：「這件事包在我身上」、「放心，你的事就是我的事」、「沒問題，明天就幫你搞定」，可是第二天睡醒之後，連自己說過什麼都忘了。完全不把承諾當回事，或者做超出自身能力的過分承諾，都是職業化的大忌。有這種行為習慣的人很難在商業界立足。而這種行為泛濫的行業，也基本已經脫離商業社會了。

**第二，遲到。**

「我只是遲到十五分鐘而已，保證不耽誤後面的事，還是按照原定時間，準時結束。」這也是一種很危險的想法。你把和別人約定的一小時當成了自己的財富，然後大手一揮：「這十五分鐘我不在乎，沒了就沒了。」但是要記住，這十五分鐘不是你的，如果四十五分鐘真的可以聊完，那麼在省下來的十五分鐘裡，對方一定有比等你更重要的事情可做。

因此，千萬不能遲到。如果真的遲到了，一定要誠懇地道歉，並且補償對方。

**第三，勸酒。**

「你不喝，就是看不起我！」這是中國商業界的一道奇觀，讓外國人看得目瞪口呆——本來應該是「你喜歡喝，就喝；我不喜歡喝，就不喝」，而「我不喝就是看不起你」，這究竟是什麼邏輯？

究其根源，勸酒是一種「服從性測試」。勸酒、服毒、投名狀，都是在商業文明還不健全的時候，用來建立信任的手段。乾了這一瓶，就把訂單給你；吞下這顆毒藥，完成任務後再給你解藥；提著人頭上梁山，我們就是兄弟……這些都是一個道理。

如果你喜歡喝酒，把它當成自己的愛好就好了吧。

**第四，打擾。**

曾經有人給我留言：「劉潤老師，我是個創業者，有個專案想聽聽你的意見。」這條消息被淹沒在眾多陌生留言中。對方繼續說：「劉潤老師，你能回覆一下嗎？」我沒回。他又發來消息：「劉潤老師，你的意見對我很有價值。」我還是沒回。最後他生氣了：「沒想到你是這樣的劉潤老師！」

每個人都有自己的目標、計畫、任務、優先級，甚至自己的困惑。如果別人正好有空幫助你，你可以選擇感激。但如果別人有自己的事情要做，因此沒能幫到你，也不要覺得這個世界傷害了你。

## 掌握關鍵

### 職業化

職業化是商業世界的教養。如今商業文明愈來愈發達，職場素養可以幫助我們避免在不經意間損失了別人對自己的尊重和信任。做到職業化，要避免非職場素養的表現，包括失信、遲到、勸酒和打擾。

## 延伸思考

**職場or生活中，可聯想到的類似例子？**

第3章

# 邏輯思維

01　**同一律**—白馬到底是不是馬

02　**矛盾律**—誰給理髮師理髮

03　**排中律**—生存還是毀滅，只能選一個

04　**三段論**——眼看穿詭辯的五個方法

05　**歸納法**—幾乎所有知識，都始於歸納法

01

啟動亮點

**邏輯思維強大的人，可以讓溝通變得更有效。善意地反用邏輯，是「幽默」；惡意地反用邏輯，是「詭辯」。**

# 同一律——

## 白馬到底是不是馬

很多人在溝通時，怎麼都講不清楚一件事，嚴重影響了商業效率。我常說，如果我們能從小學開始學邏輯，將會大大減少無效溝通，提高效率。

電影《教父》裡有一句臺詞：「花半秒鐘就看透事物本質的人，和花一輩子都看不清事物本質的人，註定是截然不同的命運。」看透事物本質，就是一種邏輯思維能力。

「人已經存在幾百萬年了，而你沒有存在幾百萬年，所以你不是人。」這句話有沒有問題？顯然有。那問題出在哪裡呢？我想很多人都說不出來。

這句話的結構，本身是一個邏輯嚴謹的三段論：大前提、小前提和結論。推理過程沒問題，但結論之所以不對，就在於它偷換了「人」這個概念。「人已經存在幾百萬年了」，這裡的「人」，指的是作為物種整體存在的「人類」；而結論中「所以你不是人」的「人」，指的卻是作為生命個體存在的「人體」。這句話裡兩次用到「人」這個字，但指代的卻不是同一個概念。說話的人借助語言系統的缺陷，偷換了概念。

什麼叫作概念？

概念由兩個部分組成：內涵和外延。比如，「產品」這個概念，它的內涵是人們透過勞動創造出來的新物體，外延則是所有擁有這個內涵的物體，諸如蘋果手機、妻子做的飯等。

容易與「產品」混淆的另一個概念，是「商品」。商品的內涵，是用於交換的勞動產品。由此可以看出，商品的內涵比產品的內涵更豐富。隨之帶來的，就是外延的減少——太太做的飯就被排除出去了。

從產品到商品，到進口商品，到從美國進口的商品，內涵愈來愈多，外延愈來愈少。內涵和外延稍微一變，就不是同一個概念了。人類必須用有限的文字來表述無窮的概念，所以，大量不同的概念只能共用一個名字。人類語言系統的這個漏洞，就給概念偷換者留下了巨大的空間。

怎麼辦呢？邏輯學家提出：**我們在溝通時，必須遵守一個基本原則——同一律，也就是前後提及的概念，內涵和外延必須保持同一。**

這個原則說起來容易，做起來難。我們不妨來練習一下，看看自己是否能識別無意識的「混淆概念」和有意識的「偷換概念」。

比如，公孫龍騎白馬過函谷關。守衛說：「人可以過關，馬不行。」公孫龍說：「但我騎的是白馬，不是馬啊！」守衛一臉茫然：「白馬不是馬嗎？」公孫龍說：「白馬不是馬。否則，為什麼還要有『白馬』和『馬』這兩個不同的名字呢？」

古代沒有邏輯學，也沒有「內涵」和「外延」這兩個詞。但公孫龍其實是說「白馬」和「馬」的內涵、外延不一樣。這樣看來，公孫龍的話似乎有點兒道理，但總感覺哪裡不對。

那麼，公孫龍有沒有偷換概念？當然有，他偷換的是「是」這個概念。守衛說「白馬是馬」，這個「是」的內涵是「屬於」，即白馬屬於馬。公孫龍說「白馬不是馬」，這個「是」的內涵是「等於」，即白馬不等於馬。白馬當然不等於馬，但白馬屬於馬這個種類。

邏輯思維強大的人，可以讓溝通變得更有效。善意地反用邏輯，是「幽默」；惡意地反用邏輯，是「詭辯」。

再舉個例子，說說「幽默」。一個朋友調侃：「沒想到，你這麼有錢的人，居然也在路邊吃麻辣燙啊！」另一個朋友反問：「不在路邊吃，難道要到馬路中央吃？」這個對話之所以會產生幽默的效果，恰恰是因為它違反了邏輯，違反了同一律。反問者偷換的不是概念，而是論題：調侃者的論題其實是「有錢人不應該吃麻辣燙」，反問者卻偷換成「吃麻辣燙應該在路邊」。

不管是混淆概念、偷換概念，還是混淆論題、偷換論題，本質都是處於「思維不確定性」中的大腦不斷違反邏輯的同一律，而不自知。

掌握關鍵

## 同一律

同一律指的是論述中前後提及的概念，內涵和外延必須保持同一。同一律要求人們的思維具有確定性。混淆概念、偷換概念，混淆論題、偷換論題，將導致自己的思維一團糨糊，導致大家的討論變成雞同鴨講。

延伸思考

職場or生活中，可聯想到的類似例子？

## 02 矛盾律——誰給理髮師理髮

啟動亮點

**兩個互相否定的思想，不可能都對，一定有一個是假的。說得通俗一些，就是別自己打臉。**

邏輯的三大基本定律之二，是矛盾律。矛盾律，也稱為「不矛盾律」。說得學術一些，就是兩個互相否定的思想，不可能都對，一定有一個是假的。說得通俗一些，就是：別自己打臉。

比如，「今年過節不收禮，收禮只收×××」這句廣告詞中，前後兩句就屬於自己打臉了。其實，有時候我們明知違反了邏輯，還依然這麼用，只是想通過製造矛盾的效果，抓住大家的注意力。包括我自己在內，稍不留意，也會說出一些自相矛盾的話來。

但是，作為一名商業人士，至少要具備識別邏輯謬誤的能力。怎麼識別？既然「兩個互相否定的思想，不可能都對」，那麼首先就要理解什麼叫「否定」。比如，成功的否定，是失敗嗎？成功的否定，不是失敗，而是「未成功」。未成功和失敗不是一回事嗎？不是。未成功，可能是失敗，也可能是種未知狀態，這種未知狀態未來可能會演化為成功，也可能演化為失敗。未成功的外延，大於失敗。所以，成功和未成功，是互相否定的。

其次，試著培養識別三種「自相矛盾」的能力。

**第一種，自相矛盾的概念。**

有的概念，內涵和外延都很清晰，不會有歧義，我們往往一眼就能看出它們是自相矛盾的。比如：在一個黃昏的早晨，一個年輕的老人手持一把鋒利的鈍刀，殺死了一個活蹦亂跳的死人。黃昏的早晨、年輕的老人、鋒利的鈍刀、活蹦亂跳的死人，這些都是明顯自相矛盾的概念。

還有一些概念，因為有不確定性，矛盾不太明顯。比如，很多商業人士特別喜歡說類似的話：「我用否定的心態來肯定你」、「你這是謹小慎微的膽大妄為」、「他是一個悲觀的樂觀主義者」……仔細琢磨這些話，都是自相矛盾的。

**第二種，自相矛盾的判斷。**

有時候我會用一句玩笑話來開始演講，比如「我很喜歡深圳這個地方，早上從酒店出來，看到萬里無雲的天空上，朵朵白雲」。有幽默感的同學會會心一笑，因為「萬里無雲」和「朵朵白雲」這兩個判斷不可能同時都對。

類似這樣顯然自相矛盾的判斷還有：「這個山洞從來沒有人進去過，進去了的人也從來沒有出來過」、「整幢大樓漆黑一片，只有一個房間的燈是亮的」……聽到這樣的話，你可以莞爾一笑，但心裡要清楚：這傢伙滿嘴都是自相矛盾的判斷。

也有些判斷比較複雜。比如，「我既是廣東人，也是廣西人」，這句話裡的兩個判斷就不一定自相矛盾。

**第三種，悖論。**

邏輯中有一種非常特殊的自相矛盾，叫作「悖論」。比如，「我說的這句話是假的」，就是一個經典的悖論。如果話是真的，「我說的這句話是假的」就是假的；如果話是假的，「我說的這句話是假的」就是真的。悖論，就是繞來繞去，可以從對推出錯、從錯推出對。

還有著名的「羅素悖論」（Russell's paradox）。理髮師說：「我只給村裡所有不自己理髮的人理髮。」那麼大家想一想，誰給理髮師理髮呢？

掌握關鍵

## 矛盾律

這是指兩個互相否定的思想，不可能都對，一定有一個是假的。關於「否定」，成功的否定，不是失敗，而是「未成功」；開心的否定，不是傷心，不是不開心，而是「沒有開心」。遵守矛盾律，要訓練識別自相矛盾的概念、自相矛盾的判斷和悖論。你需要訓練自己擁有能夠識別邏輯謬誤的能力。

延伸思考

**職場 or 生活中，可聯想到的類似例子？**

03

# 排中律——生存還是毀滅，只能選一個

啟動亮點

**兩個自相矛盾的觀點，一定有一個是對的，沒有「都不對」這種中間狀態。**

一家公司的決策人說：「我認為降價不對，這會造成品牌價值受損。但是不降價也不對，畢竟眼前的銷售壓力很大……」另一家公司的負責人說：「我不認為創業期需要KPI（key performance indicator，關鍵績效指標），但是，也不是說創業期的KPI就不重要。」

這種自以為充滿辯證智慧的話，其實都是「騎牆」：這麼做不可以，不這麼做也不可以，「模棱兩可」。它們都違反了邏輯三大基本定律之三——排中律。

什麼叫排中律？就是兩個自相矛盾的觀點，一定有一個是對的，沒有「都不對」這種中間狀態。在這種情況下，一個人可以不表態，但是如果表態，就不能說「兩個我都不同意」。

什麼叫自相矛盾的觀點？比如，「他是男性」和「他不是男性」，這就是兩個自相矛盾的觀點，沒有「都不對」的中間狀態。

有一種情況，比如老闆對你說：「你這個專案，不能說成功了，也不能說沒成功。」這句話有邏輯問題嗎？有，它要麼違反了同一律，要麼違反了排中律。如果這句話中前後兩個「成功」的內涵和外延不一樣，分別從不同角度定義「成功」，它就違反了同一律，因為說話者偷換了「成功」的概念，有意或者無意地製造邏輯混亂。反之，如果是同一個概念，它就違反了排中律，因為不存在「成功」和「沒有成功」之外的中間狀態。

準確的說法是怎樣的呢？可以這麼表達：如果用「賺不賺錢」來衡量，我認為這個專案不算成功，因為公司虧了錢；但如果從「有沒有成長」來看，不能說沒成功，因為大家獲得了寶貴的經驗和教訓。

排中律有一個重要價值，就是識別和揭穿那些「騎牆者」，提高思辨的能力以及溝通的效率。而它最大的價值，則是衍生出了名震四海的推理方法——反證法。

什麼叫反證法？

根據排中律，既然兩個自相矛盾的觀點一定有一個是對的，沒有「都不對」的中間狀態，那麼只要證明其中一個是錯的，不就等於證明了另一個是對的嗎？這就是反證法，是排中律最知名的運用。

大學士劉墉直言進諫，觸怒龍顏。乾隆皇帝一氣之下，命令他抓「生死籤」：紙團上若寫著「生」字，則得生；若是「死」字，則得死。其實劉墉心裡知道，兩個紙團上都寫著「死」字，不管抽到哪一張，都難逃一死。怎麼辦？用反證法——只要證明沒抽到「死」，不就證明了抽到的是「生」嗎？於是，他靈機一動，上前抽出一個紙團，一口吞下去。現場的人只能打開另一個紙團，寫的果然是「死」字。基於排中律，乾隆皇帝只好赦免劉墉。

怎麼才能學好、用好反證法呢？

一個邏輯嚴謹的反證法，有三個必不可少的步驟：反設、歸謬和存真。比如，我常說：「成功企業轉型，獲得二次成功，是小概率事件。」這個觀點很難用三五句話證明，我們不妨試試反證法。

**第一步，反設。**

反過來假設這個觀點不成立，也就是「成功企業轉型，獲得二次成功，是大概率事件」。

**第二步，歸謬。**

如果真是大概率事件，那麼歷史上很多著名的商人，像管仲、商鞅、陶朱公等，他們的企業應該有大概率會基業長青地持續到現在。今天的商業世界中，應該到處是「管仲控股」、「商鞅集團」、「陶朱公科技」才對。但是，現實果真如此嗎？

**第三步，存真。**

所以，「成功企業轉型，獲得二次成功，是小概率事件」。

掌握關鍵

## 排中律

排中律可以用於識別和揭穿那些「模棱兩不可」的模稜兩可者，提高思辨的能力，以及溝通的效率。但其最大的價值在於反證法。用「反設、歸謬、存真」的方法，在兩個自相矛盾的觀點中，通過證明一個觀點是錯的，來證明另一個觀點是對的。

延伸思考

**職場or生活中，可聯想到的類似例子？**

## 04

啟動亮點

想成為商業世界的洞察者，就要多花時間，刻意訓練嚴謹的推理能力和迅速識別邏輯謬誤的能力。

# 三段論——一眼看穿詭辯的五個方法

我們來看下面一段話的邏輯：

你說甲生瘡。甲是中國人，你就是說中國人生瘡了。既然中國人生瘡，你是中國人，就是你也生瘡了。你既然也生瘡，你就和甲一樣。而你只說甲生瘡，則竟無自知之明，你的話還有什麼價值？倘若你沒有生瘡，是說謊也。賣國賊是說謊的，所以你是賣國賊。我罵賣國賊，所以我是愛國者。愛國者的話是最有價值的，所以我的話是沒錯的。我的話既然沒錯，你就是賣國賊無疑了！

看完這一段話，你是不是會倒抽一口冷氣？其實，這是魯迅在〈論辯的魂靈〉裡的一段話，諷刺當時很多人的論辯邏輯。

可是，這麼多年過去了，今天我們在網路上依然可以看到大量類似的言論：我是愛國的，所以我去砸日本車；既然我是愛國的，而你阻止我砸，所以你是賣國的；賣國是不對的，你賣國，所以你的觀點是不對的；你的觀點不對，而我的觀點和你不同，所以更加證明了我的觀點是正確的。

如果這麼多年過去了，大家的邏輯思維能力沒有大長進的話，大約是因為一直缺乏真正的推理訓練。在魯迅上述的文字中，大量使用了一種最基本的推理形式——三段論。

什麼是三段論？

簡單來說，三段論是一種「大前提、小前提、結論」式的推理，其基本邏輯是：如果一類對象的全部都是××，那麼它的部分也必然是××；如果一類對象的全部都不是××，那麼它的部分也必然不是××。

比如著名的「蘇格拉底三段論」：

大前提：所有人都是要死的。

小前提：蘇格拉底是人。

結論：蘇格拉底要死。

這個邏輯看上去很簡單，但是為什麼魯迅那段文字中的三段論似乎全是謬論呢？因為一個邏輯嚴謹的三段論，還有五項基本原則。有了這五項原則，我們才能「一眼識別詭辯」。

**第一個原則，四項錯誤。**

一個三段論中，只能有三個不同的概念。如果有四個，就一定錯了。比如，「人已經存在幾百萬年了，而你沒有存在幾百萬年，所以你不是人」，這個三段論中，看上去只有三個概念：人、幾百萬年、你，但因為前後兩個「人」違反了同一律，是兩個不同的概念，所以其實一共有四個概念：人類、幾百萬年、你、人體。

**第二個原則，中項兩不周延。**

什麼叫中項？比如，「所有人都是要死的，蘇格拉底是人」，這裡的「人」就是中項，用來連繫大前提和小前提。

什麼叫周延？「所有中國人」指全部，是周延的概念；「一部分中國人」，是不周延的概念。

比如這個三段論：一部分中國人很有錢，北京人是一部分中國人，所以北京人很有錢。「一部分中國人」是連繫大前提和小前提的中項，但是不周延，所以犯了「中項兩不周延」的邏輯錯誤——北京人是一部分中國人，但不一定是有錢的那一部分中國人。

**第三個原則，大項擴大，小項擴大。**

比如，「運動員需要鍛鍊身體，我不是運動員，所以我不需要鍛鍊身體」，這句話一看就不對，到底錯在哪兒呢？這句話的大前提其實是：運動員是「部分」需要鍛鍊身體的人。結論其實是：我不在「全體」需要鍛鍊身體的人之中。大前提是「部分」，結論是「全體」，就是「大項擴大」。

再比如，「番薯是高產作物，番薯是雜糧，所以雜糧是高產作物」，顯然也不對。這句話的小前提其實是：番薯是「一種」雜糧。結論其實是：「所有」雜糧是高產作物。小前提是「一種」，結論是「所有」，就是「小項擴大」。

**第四個原則，前提都為否，結論不必然。**

假如有人說：「韓國不是大陸國家，韓國不是熱帶國家，所以……」不必等他說完，你就可以脫口而出：「大前提、小前提都是否定句，『所以』是得不出必然結論的。」

**第五個原則，前提有一否，結論必為否。**

比如，「人非草木，哲學家是人，哲學家非草木」，「蛇是無足的，此動物不是無足的，所以此動物不是蛇」，這兩句話是對的。大前提或小前提是否定句，並且只有一否，那麼結論一定為否定句形式。

想要成為商業世界的洞察者，就要多花時間，刻意訓練嚴謹的推理能力。

掌握關鍵

## 三段論

簡單來說，這是一種「大前提，小前提，結論」式的推理。想要「一眼識別詭辯」，需要掌握三段論的五項基本原則：一、四項錯誤；二、中項兩不周延；三、大項擴大，小項擴大；四、前提都為否，結論不必然；五、前提有一否，結論必為否。

延伸思考

**職場 or 生活中，可聯想到的類似例子？**

啟動亮點

歸納法真的是偽科學嗎？

05

# 歸納法——

## 幾乎所有知識，都始於歸納法

邏輯學和經濟學、管理學、心理學等不同，後者都屬於「認知」，而邏輯學是獲得這些認知的「方法」。所以，邏輯學比所有學科更底層，是一門硬知識。智商測試不考經濟學、管理學、心理學等知識，而考邏輯思維能力，也是因為如此。

如果說一個人的智商是未經打磨的鑽石，那麼邏輯思維訓練就是打磨、切割鑽胚，使其最終成為一枚鋒利無比、璀璨奪目的金剛鑽，再用來切割經濟學、管理學、心理學等一切堅硬認知的工具。

而「歸納法」，是邏輯學這門硬知識中的最後一講。

大家可能聽過這個故事：農場裡有群火雞，農場主每天中午十一點來餵食。火雞中有位「科學家」觀察了近一年，向雞群宣布一個偉大的定律：中午十一點，會有食物降臨。但是感恩節那天，這個定律失效了，因為農場主把所有火雞都宰殺了，把牠們變成了食物。

這個故事最早由著名的英國哲學家伯特蘭·羅素（Bertrand Russell）提出，被稱為「羅素的火雞」，用來諷刺歸納主義者：通過有限的觀察，得出自以為正確的規律性結論。

到底什麼是歸納法？歸納法真的是偽科學嗎？

**歸納法，是從特殊推出一般的方法。**比如：「中國的天鵝是白色的，美國的天鵝是白色的，我見過的天鵝全是白色的，所以，所有天鵝都是白色的。」有的人很快會發現問題：天鵝不一定都是白色吧？確實。歸納法的輸出，不是「定律」，而是「猜想」。可以說：我猜想，所有天鵝都是白色的。

再比如，著名的「哥德巴赫猜想」(Goldbach's conjecture) 就是哥德巴赫從無數實例中歸納出的一個猜想：任一大於二的偶數，都可寫成兩個質數之和。在這一猜想提出兩百多年後的今天，據說計算機已經驗證了$4 \times 10^{30}$內的所有偶數，都符合猜想，但是由於沒有經過演繹法證明，猜想只是猜想。

什麼是演繹法呢？

**演繹法，是從一般推出特殊的方法**。比如，「所有貓都喜歡吃魚，我家養的是貓，所以牠也喜歡吃魚。」前面講到的三段論，其實是演繹法的最基本形式。

歸納法從現象提煉出猜想，演繹法把猜想證明為定律。

有的人可能會問：「要是歸納法只能得出不確定的猜想，而不是確定的定律，那它有什麼用呢？」其實歸納法的作用超乎想像。牛頓從無數次試驗中，歸納出了「牛頓三大定律」；經濟學家從人們的交易現象中，歸納出了「供需理論」……幾乎所有的知識都始於用歸納法建立的猜想，再用演繹法進行嚴謹的證明。可以說，沒有歸納法，就沒有演繹法；沒有猜想，就沒有證明。

應該如何訓練使用歸納法的能力呢？在這裡，我要向大家介紹著名的「彌爾五法」（Mill's methods）。

**第一，求同法。**

農場有十萬隻火雞吃了發霉的花生，死於癌症。吃了發霉花生的其他動物，比如羊、貓、鴿子、大白鼠、魚和雪貂，後來也都得癌症死了。於是人們透過求同法歸納：吃發霉的花生，可能是罹患癌症的原因。後來化驗證明，發霉花生中含有黃麴毒素，而黃麴毒素是一種致癌物質。科學家通過演繹法，證明了這個猜想。這就是求同法。

**第二，求異法。**

五個中國人和一些外國人一道遠洋航行。途中，外國人全得了壞血病，奄奄一息，只有中國人安然無恙。大家用求異法觀察發現，中國人跟外國人的不同之處在於中國人喜歡喝茶，於是歸納出「喝茶能抵禦壞血病」的猜想。這就是求異法。

**第三，並用法。**

某些地方的甲狀腺疾病發病率高。醫療隊走訪了幾個病區，用求同法觀察發現，雖然各病區的情況大不相同，但是有一點相似：居民的食物和水中缺碘。他們又走訪了那些不流行甲狀腺疾病的地區，發現當地居民不缺碘。於是，醫療隊用求同法和求異法歸納出一個猜想：缺碘是甲狀腺疾病的病因。這就是並用法。

**第四，共變法。**

有人發現，產品愈稀缺（也就是供小於求），價格愈高；產品愈充沛（也就是供大於求），價格愈低。供給和需求共同變化，經濟學家據此歸納出「供需關係」的理論猜想。這就是共變法。

**第五，剩餘法。**

皮耶．詹森（Pierre Janssen）和約瑟夫．洛克耶（Joseph Lockyer）研究太陽光譜時，發現了一條紅線、一條青綠線、一條藍線和一條黃線。前三者是氫的光譜，第四種未知，於是他們用剩餘法歸納：一定存在一種新物質。後來證實，這種新物質叫作「氦」。這就是剩餘法。

掌握關鍵

## 歸納法

幾乎所有的知識，都始於歸納法。但是，我們必須對猜想之外的可能性，也就是「黑天鵝」，永遠心懷敬畏。如何訓練歸納法？用著名的「彌爾五法」：第一，求同法；第二，求異法；第三，並用法；第四，共變法；第五，剩餘法。

延伸思考

**職場 or 生活中，可聯想到的類似例子？**

# 2 PART

# 工具

第4章

# 思考工具

01 **MECE法則**—透過結構看世界

02 **腦力激盪法**—用數量帶動質量，用點子激發點子

03 **心智圖**—放射性思考工具

04 **5W2H法**—集齊七個問題，讓思維更縝密

05 **5WHY法**—不斷追問，找到根本原因

06 **二維四象限**—對立統一的分析工具

01

啟動亮點

MECE法則就像拼圖遊戲，如果沒有拼錯，拼完之後一定是一塊不多，一塊不少。

# MECE法則——透過結構看世界

某公司主管安排W寫一篇文案，要求充分闡釋公司的品牌主張。W很快把文案交了上去，主管瀏覽後指出文案的思路太狹隘，好比想要一棟房子，卻只砌了一堵牆。W便加班加點，查閱了幾十萬字的資料，從十幾個角度解讀公司品牌。但主管又給他潑了冷水：所有的觀點都並列在一起，邏輯層次混亂，就像把磚頭、瓦片和牆壁、屋頂相提並論。

很多人在寫文章、做PPT以及匯報工作時，都有過類似經歷。要避免這樣的事情發生，務必要記住「MECE法則」。

MECE法則即Mutually Exclusive Collectively Exhaustive的縮寫，是麥肯錫諮詢顧問芭芭拉・明托（Barbara Minto）在《金字塔原理》（*The Minto Pyramid Principle*）中提出的一個思考工具，意思是「相互獨立，完全窮盡」，也常被稱爲「不重疊，不遺漏」。

MECE法則聽上去很複雜，其實很簡單。它就像拼圖遊戲，如果沒有拼錯，拼完之後一定是一塊不多，一塊不少。

比如，公司開會討論新遊戲的目標用戶，需要盡可能把所有的用戶定位都列出來。員工們集思廣益，擺出一些拼圖碎片：男人、小孩、成年人、老人、女白領、宅男、二次元少女……這些拼圖碎片看上去很豐富，但是明顯違反了MECE法則，因為它們不可能一塊不多、一塊不少地拼出完整的用戶畫像。

首先，這些碎片裡有大量重疊：男人和小孩有重疊，即小男孩；宅男和老人有重疊，即孤僻的老頭。其次，這些碎片還有遺漏，比如，漏掉了那些既不是二次元少女，也不是白領的年輕女性——文藝女青年。

那應該怎麼列呢？可以在第一層從性別角度出發，把用戶分為男人、女人；第二層從年齡角度出發，把用戶分為小孩、青年人、中年人、老年人……保證每一層的拼圖碎片都符合「不重疊，不遺漏」的MECE法則。

回到開篇的案例。為什麼W被批評「邏輯層次混亂」？第一次時，「想要一棟房子，卻只砌了一堵牆」，是因為文案違反了「不遺漏」原則；第二次時，「把磚頭、瓦片和牆壁、屋頂相提並論」，是因為文案違反了「不重疊」原則。

MECE法則是一種簡潔有力的、透過結構看世界的思考工具。那麼，使用MECE法則時需要注意哪些心法呢？

**第一點，謹記分解目的。**

把整體結構層層分解為要素時，要謹記分解目的，找到最佳分解角度。

對於同一個專案，如果目標是分析進度，就按照過程階段來分解；如果目標是分析成本，就按照工作項目來分解；如果目標是分析客戶消費特徵，就按照性別、年齡、學歷、職業、收入等來分解。

**第二點，避免層次混淆。**

例如，某團隊進行腦力激盪，探討如何賣出更多衣服。大家提出以下想法：一、開拓電商管道；二、開展網路行銷；三、減少服裝的成本以降低價格；四、改進服裝生產流程，提高生產效率。

這些想法中，第四項是第三項的具體方法之一，把它和前三項列在一起，邏輯層次不清晰，會給思維帶來混亂。

**第三點，借鑒成熟模型。**

前人已經對商業、管理等做過大量研究，形成了很多結構分解模型。除了本書涉及的工具之外，還有PEST分析（宏觀環境分析）、3C分析模型（3C戰略三角模型）、麥肯錫7S模型（企業組織七要素）等。這些工具都可以直接拿來用，而不需要像製造汽車那樣，重新發明輪子。

掌握關鍵

## MECE 法則

MECE 法則是結構化思維的基本功。分析問題時，在把整體層層分解為要素的過程中，要遵循「相互獨立，完全窮盡」的基本法則，確保每一層要素之間「不重疊，不遺漏」。訓練 MECE 時，要注意三個心法：一、謹記分解目的；二、避免層次混淆；三、借鑑成熟模型。

延伸思考

**職場 or 生活中，可聯想到的類似例子？**

02

## 腦力激盪法——用數量帶動質量，用點子激發點子

啟動亮點

**腦力激盪不是一群人七嘴八舌隨便議論，而是用一套嚴謹的流程讓群體彼此互動，刺激思考。**

美國的北方特別寒冷，大雪紛飛，電線上的積雪愈來愈多，導致電線被壓斷，嚴重影響通訊。當地電信公司的老闆一籌莫展，該怎麼辦呢？可以試試叫作「腦力激盪」的工具。

腦力激盪是由美國創造學家亞歷克斯．奧斯本（Alex Osborn）發明的一種激發創造性思維的工具。使用腦力激盪有四大原則：自由思考、延遲評判、以量求質、結合改善。

電信公司老闆把同事召集到一起，大家七嘴八舌地議論開來：

「設計一臺電線掃雪機？」

「試試用電熱的方式來融雪？」

「試試振盪技術呢？」

「帶著掃把，坐著直升機去掃雪呢？」

突然有人說：「對啊，直升機！直升機沿著積雪嚴重的電線飛，巨大的螺旋槳高速旋轉，搧落積雪應該沒問題吧？」這個想法一下子激發了大家，很快又產生了七八個用直升機除雪的辦法。

最後經過驗證，直升機搧雪是一個想像力大開但有奇效的好方法。電線積雪的問題順利解決了。

這就是腦力激盪。腦力激盪的基本理念是：要獲得很好的點子，首先要獲得很多的點子；要獲得很多的點子，就要靠點子來激發點子。這種個體頭腦之間激盪式的化學反應，帶來了「一加一遠遠大於二」的可能性。

美國國防部制定長遠科技規畫時，邀請了五十位專家，對規畫進行兩週的腦力激盪。新報告誕生，原規畫文件中只有百分之二十五～百分之三十的內容被保留。

松下電器公司是腦力激盪的忠實愛好者。僅在一九七九年內，就獲得一百七十萬條設想，平均每個員工提出三條。

日本著名創造工程學家志村文彥，用腦力激盪幫助日本電氣公司獲得了五十八項專利，極大地降低了成本。

為什麼腦力激盪有這樣的威力？因為連接是其基礎，激發是其核心。個體大腦是知識的子集，子集坐在一起，並不會自動拼成全集。只有遵守腦力激盪的嚴謹流程，才能把子集連接成全集，然後通過引發聯想、熱情感染、喚起競爭、張揚欲望的氛圍，激發新的創意。

那麼，應該怎麼使用「用數量帶動質量，用點子激發點子」的腦力激盪，提高群體思考質量呢？

**第一，自由思考。**

權力和威望會影響自由思考。一旦一些人的觀點被認為比另一些人的觀點更有價值，有些大腦就會被關閉。

怎麼辦？圓桌討論，不要列印頭銜，不要按主次排座位，不要自謙地說「我提一個不成熟的看法」、「我有一個不一定行得通的想法」。

**第二，延遲評判。**

禁止批評，甚至禁止評論別人的想法。不要說「這想法太離譜了」、「這想法太陳舊了」、「這是不可能的」、「這不符合××定律」。

批評和評論，是扼殺更多想法的劊子手。

**第三，以量求質。**

剛開始的想法就像剛打開熱水龍頭後的第一段冷水。前三十個想法常常很容易，真正的創造力通常出現在第五十個想法之後。所以，整場腦力激盪要爭取產生至少一百個新想法。腦力激盪中，數量比質量更重要。

一家公司就新產品名稱進行腦力激盪。經過兩小時「不自謙、不批評」的激烈討論，大家提出了三百多個新名字。三天後，默寫還記得住的名字，大家只寫出來二十多個。然後，從這二十多個名字中挑出三個，再讓用戶從三個中挑出一個。

**第四，結合改善。**

回到開篇的案例，從帶著掃把坐上直升機掃雪到用直升機螺旋槳搧雪，就是「結合改善」。這也是腦力激盪真正的魅力所在，是一個人獨自冥思苦想產生不了的價值。

怎麼做？討論盡量要在小範圍（十～二十人左右）內進行；任何時候，一次只能一個人發言；不可以交頭接耳開小會；把前面的想法都貼在白板上，激發更多新想法。

掌握關鍵

## 腦力激盪法

個體大腦是知識的子集。子集坐在一起，並不會自動拼成全集。腦力激盪，就是用嚴謹的流程，「自由思考、延遲評判、以量求質、結合改善」，把所有智慧的子集連接起來，激發新的想法，產生一個人獨自冥思苦想都無法產生的創新。

延伸思考

**職場 or 生活中，可聯想到的類似例子？**

03

啟動亮點

**心智圖最大的作用不是記錄，是思考，是創造。**

# 心智圖——
## 放射性思考工具

我有一個公益理念：一個人捐贈一百萬元，不如一百萬人每人捐贈一元；讓一些人得到幫助很重要，讓更多人願意幫助別人更重要。為此，我和上海宋慶齡基金會合作，創立了「泉公益」公益集資平臺，滴水成河，惠及眾人。

不少人都有做公益的想法，可是怎麼開始呢？我坐在上海宋慶齡基金會的辦公室裡，面對電腦，打算從梳理思路開始。那麼，用什麼工具來梳理呢？

用Word嗎？Word是一個以「行」為基本結構的工具，有強制性的線性思維，不適合梳理發散的思路。用Excel嗎？Excel是一個以「表」為基本結構的工具，必須遵循橫豎結構，太嚴謹。用PPT嗎？PPT是一個以「頁」為基本結構的工具，還是線性思維，只是比Word更有表現力。用Word、Excel、PPT來梳理思路，就像穿著西裝參加運動會一樣，無法釋放全部創造力。

那用什麼呢？下面介紹一個我特別喜歡的思考工具——心智圖。

心智圖，最早由英國教育學家東尼．博贊（Tony Buzan）發明。他研究發現，人類的思維方式不是線性的、表格的，而是放射性的：從一點出發，煙火式綻放。他提出了「放射性思維」的概念和基於概念的思考工具——心智圖。

回到開篇泉公益的例子。

我在基金會的一面白牆上，用好幾張靜電白板拼貼出足夠的思考空間，然後在白板中央寫上「泉公益」三個字，退後幾步，進入放射性思維狀態。

泉公益當然需要一個網站——我在「泉公益」三個字附近，寫下「網站」兩個字，然後用線條連接。但更重要的是有一套「先有專案，再有捐款」的流程，這將杜絕資金池帶來的腐敗——我又寫下「內部流程」四個字，也與「泉公益」相連，然後再寫下「宣傳與推廣」、「團隊」等。

我在寫「團隊」時突然想到，捐贈者的情感是需要被呵護的，做個「我捐款我自豪」的頁面吧。這個想法放在哪裡呢？我把這個突如其來的想法寫在「網站」旁邊，然後回來接著思考「團隊」。

這就是放射性思維。我在巨大的白板面前思考了整整一上午，設計出了泉公益的雛形。最後，我和基金會團隊一起不斷完善它，把泉公益變成了現實。在二〇一七年，我還通過泉公益平臺，參與捐贈了一所遠距偏鄉教育的小學。

「心智圖這麼有用？我一直以為它是用來記筆記的！」這是大家對心智圖最常見的誤解。雖然心智圖也可以用於記筆記，但僅僅如此就真是大材小用了。心智圖最大的作用，不是記錄，是思考，是創造。

怎麼借助心智圖和它背後的放射性思維，來思考和創造呢？

**第一點，先從目標開始。**

用心智圖來思考和創造時，首先要想清楚：目標是什麼？這個目標可能是：如何在三個月內提升業績？企業的願景、使命、價值觀是什麼？怎樣才能讓她愛上我？下一年我的時間應該怎麼分配？等等。

找個足夠大的白板，把目標寫在正中間。這塊白板要大到不會因為地方不夠而這麼想：這一點不重要，留些地方寫重要的事吧。

**第二點，不被心智圖限制。**

不要被層次限制。有任何想法，立刻寫在紙上，不必先把第一層「相互獨立，完全窮盡」了，再想第二層。

不要被形式限制。圖片、顏色、線條都不重要。追求美觀，讓別人看到後發出讚嘆，反而會忘了真正的重點。

不要被邏輯限制。有個想法表達不準確，或者放錯層次了，都不重要。擦掉重寫，或者重新關聯，不必抱著「落筆一定不能錯」的想法。

**第三點，善用各種工具。**

東尼．博贊時代的心智圖，很多是在白紙上畫的。但在白紙上畫心智圖，修改、保存都很困難。

可以試試巨大的白板或者白板貼；試試平板電腦，比如，用微軟Surface電腦的OneNote（用於自由形式的訊息獲取以及多用戶協作的工具）畫心智圖；試試專業的繪製心智圖的軟體，比如Mind Manager等。

掌握關鍵

## 心智圖

人的思維不是線性的、表格的，而是放射性的。心智圖可以充分發揮創造力，從目標開始，逐級發散、相互獨立、周密全面，最大限度的展現原汁原味的創意。想最大化的發揮心智圖的效能，要做到：第一，先從目標開始；第二，不被心智圖限制；第三，善用各種工具。

延伸思考

**職場 or 生活中，可聯想到的類似例子？**

04

啟動亮點

**5W2H法是很有效的思考工具，能彌補思考問題的疏漏。**

# 5W2H法——集齊七個問題，讓思維更縝密

老闆交給某員工一個任務：推進公司不慍不火的「前員工俱樂部」的營運。該員工接到任務後，把「前員工俱樂部」六個字寫在心智圖的中央，然後腦海中就一片空白，不知如何開始。他把下屬L叫來：「你先幫我調查前員工俱樂部的現狀吧。」L接收命令走了。三天之後，老闆問起來，他去催L。L說：「啊，這麼著急？我現在就去！」他這才意識到，居然沒交代L何時反饋。

為什麼會這樣？平時思維似乎很縝密的員工，怎麼會「一片空白，

瞻前不顧後」了呢？

思維縝密是個很難界定的概念，所以容易犯錯，容易有疏漏。清單上有十七件事，完成了十五件，這才是縝密。想讓思維更縝密，需要一個步驟化、流程化的思考工具——5W2H。

5W2H是最常見的七個問題：Why（為什麼），What（是什麼），Where（在何處），When（在何時），Who（由誰做），How（怎麼做），How Much（要多少）。把這七個問題放在一起問，確實能彌補思考問題的疏漏。

舉個例子。「把這份報告複印一下。」複印幾份？什麼時候要？複印完交到哪裡？

用5W2H法重新整理一下。Who，是誰？小張。What，做什麼？複印報告。How，怎麼做？用高品質複印。When，何時交？下班前。Where，交到哪兒？總經理辦公室。How Many，複印多少？兩份。Why，為什麼這麼做？給客戶做參考。

重新整理之後，可以這麼說：「請你將這份報告複印兩份，於下班前送到總經理辦公室交給總經理。請留意複印的品質，總經理要帶給客戶做參考。」

這樣做是不是縝密多了呢？

5W2H法，又叫「七何分析法」，它的步驟化、流程化，就像醫生手上的檢查板，面對患者一項項打勾：血壓，達標；心律，達標；血糖，達標。最後收起檢查板，微笑著對患者說：「你恢復得很好，很快就可以出院了。」

回到開篇的案例，應該如何利用5W2H的檢查板，讓思維更縝密呢？可以試試下面三種用法。

**第一種，用5W2H法找到問題。**

下屬反映：前員工俱樂部最近不慍不火。要搞明白這個問題，可以拿起5W2H檢查板檢查。

What：前員工俱樂部的互動愈來愈少。

Where：LINE群組裡的發言數量減少。

When：最近三週，尤其是最近一週。

Who：都不怎麼發言了，尤其是以前最活躍的幾個人。

How Much：五百人的群組，過去每天有一千條以上的發言，現在降到了每天幾十條。

Why：這可能是因為群組成員各方面水準高低不一，話題價值不同，愈來愈多人感覺疲累。

這樣，就把「前員工俱樂部最近不慍不火」這個問題具體化了。

**第二種，用 5W2H 法變革創新。**

站在心智圖前，面對中央的「前員工俱樂部」六個字，開始用5W2H法，圍繞七個問題層層展開。甚至可以試著就這七個問題中的每一個問題，繼續深入四個層次，尋找創新機會。

比如Why：建立「前員工俱樂部」的原因是什麼？

第一層深入：因為要和前員工保持聯繫。

第二層深入：為什麼要和前員工保持聯繫？因為希望前員工幫助推廣產品、推薦員工、給新產品提意見等。

第三層深入：有更合適的實現這些目標的方法嗎？有。比如，邀請其中一些真正有影響力、有能力的前員工做「榮譽顧問」。

第四層深入：為什麼這麼做更合適？因為避免了很多無效溝通。

所以，該員工在「前員工俱樂部」的基礎上，設計了更有效的「榮譽顧問」計畫。

### 第三種，用 5W2H 法分配任務。

「L，幫我調查一下前員工俱樂部的現狀，明天向我匯報。」這是3W（What，Where，When）。

如果想更縝密一些呢？

「L，老闆希望改善前員工俱樂部的營運，你先幫我調查一下現狀，列出十條優點、十條缺點。明天下午四點到我辦公室匯報。你可以找Z幫你一下。」這就是 5W2H。

掌握關鍵

## 5W2H法

這是一種讓思維更縝密的思考工具，把常見的七個問題：Why、What、Where、When、Who、How、How Much放在一起問，讓思考變得流程化、步驟化，能彌補思考問題的疏漏。

利用5W2H法有三種方法：第一種，用5W2H法找到問題；第二種，用5W2H法變革創新；第三種，用5W2H法分配任務。

延伸思考

**職場or生活中，可聯想到的類似例子？**

05

啟動亮點

從問題出發，不斷追問為什麼，告別直接原因，路過間接原因，最終找到根本原因。

# 5WHY法——不斷追問，找到根本原因

5WHY法的意思是追問五個為什麼。作為一種思考工具，它最早由豐田公司的大野耐一提出。某一次新聞發布會上，記者問大野耐一：「豐田汽車的品質為什麼會這麼好？」大野耐一回答：「我碰到問題，至少要問五個為什麼。」

據說有一次，大野耐一到生產線上視察，發現機器停轉了。於是他問員工：「為什麼機器停了？」員工答：「因為超過了負荷，保險絲就斷了。」他接著又問了第二個問題：「為什麼會超負荷？」員工答：「因

為軸承的潤滑不夠。」第三個問題：「為什麼潤滑不夠？」員工答：「因為潤滑幫浦吸不上油來。」第四個問題：「為什麼吸不上油來？」員工答：「因為抽油幫浦磨損、鬆動了。」第五個問題：「為什麼磨損了呢？」員工答：「因為沒有安裝過濾器，混進了鐵屑等雜質。」大野耐一通過追問五個為什麼的方式，最終找到問題的真正原因。

任何一個現象或者問題，一定有導致它的直接原因。比如，「為什麼傑佛遜紀念堂的外牆斑駁陳舊？」

「因為清潔工經常使用清洗劑進行清洗。」這是直接原因。

當然可以讓清潔工減少清洗，這個問題也許立刻會得到解決。但這僅僅是緊急處理的方法，就像止痛針一樣，雖然能緩解痛感，但治標不治本。

所以繼續追問：「又是什麼導致清潔工要經常清洗呢？」

「因為有很多鳥在這裡拉屎。」

「那為什麼有很多鳥呢？」

「因為這裡非常適宜蟲子繁殖，這些蟲子是鳥的美食。」

這就是導致直接原因的間接原因了，但它們還不是根本原因。

那麼接著追問：「為什麼這裡適合蟲子繁殖呢？」

「因為那裡有一排窗，太陽把房間裡照射得非常溫暖，很適合蟲子繁殖。」

原來，那一排沒有窗簾的窗戶，才是導致外牆斑駁陳舊的根本原因。怎麼辦？掛上窗簾，問題就解決了。

這就是5WHY法：從問題出發，不斷追問為什麼，告別直接原因，路過間接原因，最終找到根本原因。

運用5WHY法，需要注意兩件事：

**第一件，提出正確的問題。**

員工說：「因為超過了負荷，保險絲就斷了。」這時，如果追問的不是「為什麼會超負荷」，而是「為什麼不用更好的保險絲」，這個方向就偏離了根本原因，走向了次要的採購流程。

員工說：「因為清潔工經常使用清洗劑進行清洗。」這時，如果追問的不是「為什麼要經常清洗」，而是「為什麼要用清洗劑」，這個方向也偏離了根本原因，走向了次要的「哪種清洗方式更好」的問題。

提問題，要一直針對根本原因。

**第二件，區分原因和藉口。**

「為什麼會超負荷？」如果員工答：「因為安排的工作量太大，機器都受不了，人就更受不了了。」接著問：「為什麼工作量這麼大？」員工說：「因為車間主任不是個好人。」這次討論就會被情緒帶走。

因此，要區分客觀原因和主觀藉口。

掌握關鍵

## 5WHY法

提出正確問題，區分客觀原因和主觀藉口，從問題出發，不斷追問為什麼，5WHY法能用來有效分析問題，找出根本原因。使用5WHY法時一定要注意：第一，提出正確的問題；第二，區分原因和藉口。

延伸思考

**職場or生活中，可聯想到的類似例子？**

06

啟動亮點

**到底是從「用戶獲益」出發重要，還是從「自身能力」出發重要呢？**

# 二維四象限——

## 對立統一的分析工具

某老闆聽到「一切商業的出發點都是用戶獲益」的觀點後，深受啟發，開始追求用戶價值、體驗升級，用戶愈來愈開心，可公司最後還是虧錢了。他很痛苦，四處求教。有人告訴他：「任何一種商業模式，都是你自身能力的變現方式。」這個老闆一聽，醍醐灌頂。

那麼，到底是從「用戶獲益」出發重要，還是從「自身能力」出發重要呢？

其實，這兩種說法都正確。那什麼不正確呢？把這兩個維度對立起來的思維方式不正確。我們被「非此即彼」的二分法統治太久，思維變得簡單而僵化，從而失去了分析複雜問題的能力。可以試試用「對立統一」的「二維四象限法」，來面對這個多樣的世界，分析這些複雜的問題。

什麼叫二維四象限法？

時間管理矩陣把事情分為「重要和不重要」、「緊急和不緊急」，其中，輕重是一個維度，緩急是另一個維度。不能說「重」和「急」哪一個更優先，也不能說「輕」和「緩」哪一個更無關緊要，它們是兩個不同的維度。把輕重維度置於縱軸，把緩急維度置於橫軸，就有了時間管理矩陣圖。

> 時間管理矩陣不把輕重和緩急這兩個維度對立起來，而是把它們統一起來，從而生成了四個象限：重要且緊急、重要但不緊急、緊急但不重要、不緊急也不重要。

這就是二維四象限法，從「非此即彼」的二分法裡解放出來，用兩個對立統一的重要屬性作為依據，畫出四象限圖，分別討論情況，逐個解決問題。

回到開篇的案例。到底是從用戶獲益出發重要，還是從自身能力出發重要呢？我們把思路從「非此即彼」改為「對立統一」，畫一個二維四象限圖看看。

蘋果公司的「軟體傳教士」（Apple evangelist）蓋伊．川崎（Guy Kawasaki）用「用戶獲益」做橫軸，「自身能力」做縱軸，生成了四個象限：自身能力很強，但是用戶並不獲益，這叫「冤大頭型企業」；用戶獲得利益，但自身並沒有能力因此盈利，這叫「平庸型企業」；自身能力不強，用戶也不因此獲益，這類企業叫「湊趣型企業」；只有用戶獲益，自身能力也很強的企業，才有真正的「商業模式」。

借助這個例子，可以看到二維四象限法從「非此即彼」到「對立統一」的威力。這就是《易經》裡「太極生兩儀，兩儀生四象，四象生八卦」中的「兩儀生四象」。

應該怎麼利用威力如此強大的二維四象限法，提升思考能力呢？

比如分析風險管理，可以從「可能性」和「損失」兩個維度，生成「轉嫁、規避、降低和自留」四個象限。於是就有了風險管理模型。

比如分析自我認知，可以從「自己知不知道」和「別人知不知道」兩個維度，生成「公開的自我、祕密的自我、盲目的自我和未知的自我」四個象限。於是就有了周哈里窗（Johari Window）理論。

比如分析企業的產品布局，可以從「相對市場份額」和「市場增長率」兩個維度，生成「金牛、明星、問題和瘦狗」四個象限。於是就有了波士頓矩陣（BCG矩陣）。

二維四象限法幾乎是整個西方管理學、經濟學甚至是哲學最基本的分析工具之一，無處不見。

## 掌握關鍵

### 二維四象限

就是從「非此即彼」的二分法裡解放出來，用兩個對立統一的重要屬性作為依據，畫出四象限圖，分別討論情況，逐個解決問題。用四象限法來分析問題，能讓思維更完整、更辯證。風險管理模型、周哈里窗理論、BCG矩陣等，都是用這個基礎工具打造出來的高級工具。

## 延伸思考

**職場or生活中，可聯想到的類似例子？**

## 第5章

# 效率工具

01 **白板**—隨時隨地創造、思考

02 **行動辦公**—整個世界都是辦公室

03 **電子閱讀器**—如何一年讀上一百本書

04 **知識管理**—構建大腦的外接行動硬碟

05 **雲端服務**—讓電子設備不再是一座座孤島

06 **搜尋工具**—百分之八十的問題都被回答過

07 **信件、行事曆、聯絡人**—你的戰馬、盔甲和長矛

08 **群組軟體**—把工具用起來

09 **休息、運動**—生活的對立面不是工作

10 **我的一天**—君子善假於物也

01

啟動亮點

**賦予白板思考的意義，它就有了隨時隨地、無邊無際的價值。**

# 白板——隨時隨地創造、思考

「SWOT分析」、「一報還一報」、「復盤」等工具其實都是方法，而實體工具也非常重要，就像給關羽配上青龍偃月刀，必定如虎添翼。

白板是一個最常用的工具，它可以解決思考過程中三個非常實際的問題。

第一個，相對於Word、Excel、PPT等辦公軟體，它能使個體從「結構化的思維」裡解放出來，隨心所欲地思考。

第二個，相對於A4紙，它能使個體從「有邊界的思維」裡解放出來，在廣闊的空間裡舒展、連接。

第三個，相對於翻頁紙，它能使個體從「不能錯的思維」裡解放出來，想到就寫，寫錯就擦，擦了再來。

那麼，怎麼利用這個看上去平淡無奇，其實可以不斷創造神奇的白板，讓自己走到哪兒，就能思考到哪兒，發散到哪兒，創新到哪兒呢？

最簡單的方式，是買一個可移動的白板架，或者買一塊白板掛在會議室牆上。

但是，對於需要大量思考和合作的團隊來說，這遠遠不夠。可以試著用白板裝修辦公室。

如果辦公室較小，最適合做成白板的是櫃門。用白色毛玻璃包邊做成書櫃、辦公櫃的門，就能大大增加思考空間。

如果辦公室很大，最好的辦法是把所有結構立柱的四面包上白色毛玻璃，做成白板。坐在立柱旁邊的小組，不用預定會議室，隨時可以開會討論，極大地提高溝通效率。

如果辦公室再大點兒，有專門的創意空間，可以把所有沒有窗戶的牆都做成白板。走進這個空間，人們一定能釋放無邊無際的創造力，沉浸在創意的海洋裡。

如果對白板思考有重度依賴，可以在家裡也裝上白板。如果覺得辦公室白板太冷硬，可以試試用黑色烤漆玻璃做的黑板。

還可以把白板漆刷在物體上，自由作畫、擦洗。

如果要求更高，希望能隨時隨地、無邊無際地思考，可以隨身攜帶靜電白板貼。靜電白板貼是一卷薄薄的白板紙，拉開後稍微用力就可以撕成整張的白板紙，靠靜電吸附在牆上。寫完後，可以把白板紙撕下來，不會對牆體產生任何破壞。

白板本身沒有價值，賦予它思考的意義，它就有了隨時隨地、無邊無際的價值。

掌握關鍵

## 白板

白板是最常用的思考工具，它可以解決結構化的思維、有邊界的思維以及不能錯的思維這三個問題，幫助我們隨時隨地、無邊無際的思考。怎麼利用？可以在辦公室裝修白板，在結構立柱上包上毛玻璃做成白板，或是把沒有窗的牆都做成白板等。

延伸思考

**職場 or 生活中，可聯想到的類似例子？**

02

啟動亮點

如果能充分利用旅途中的零碎時間做重要的事，就不會這麼焦躁和無聊了。

# 行動辦公——

## 整個世界都是辦公室

飛機又誤點了。一個出差的人傻傻地坐在候機大廳，愈想愈氣，忍不住和地勤人員大吵了一架。飛機終於起飛，他百無聊賴地把飛機上的雜誌翻了又翻，然後就不知道做什麼好了。其實，這個人如果能充分利用旅途中的零碎時間做重要的事，就不會這麼焦躁和無聊了。

從二〇〇六年開始，我每年要坐一百多次飛機，甚至一年中有將近兩百天不在家。所以，利用工具在零碎時間行動辦公，對我來說特別重要。下面分享幾個我常用的行動辦公工具。

**第一個，附手寫筆的平板電腦。**

白板能克服「結構化的思維、有邊界的思維、不能錯的思維」，釋放創造力。在機場休息室可以用靜電白板貼；在飛機上可以用附手寫筆的平板電腦，在上面寫寫畫畫，創作思考。

**第二個，大螢幕手機＋藍牙鍵盤＋手機支架。**

有時去某個城市出差，當天來回，或在本市參加重要會議，平板電腦太重了，不想帶怎麼辦呢？

對於像我這樣的人，有大量文字工作。比如，在等候會議開始時，寫一段文字素材；在會議開始之後奮筆疾書，記錄會議要點。這時就可以試試「大螢幕手機＋藍牙鍵盤＋手機支架」的組合。

首先是大螢幕手機。多大的螢幕才叫「大」，每個人的感覺可能不同。最重要的是，把手機立在桌子上，可以便捷有效地代替電腦。對我來說，螢幕在五．五英寸以上的手機，才更適合長時間工作。

其次是藍牙鍵盤。如果只是回幾條微信，發幾條動態，沒有實體鍵盤，也不會有不順手的感覺。但需要進行大量文字輸入時，就會感受到一個全尺寸的鍵盤有多重要。

最後是手機支架。為了把手機當電腦用，還需要一個手機支架。很多人喜歡指環式支架，但它只能讓手機橫立，而橫式螢幕只適合看影片，所以指環式支架是娛樂用的。工作用的支架必須能讓手機豎立在桌上。

我的手機支架平時就像一張信用卡，可以放在錢包裡。坐下來後，從錢包裡拿出手機支架，從口袋裡拿出藍牙鍵盤，瞬間就能創造一個辦公環境。這套行動辦公系統，可以極大地提高工作效率，充分利用零碎時間。

**第三個，藍牙耳機手環＋電話會議音響＋主動降噪耳機。**

我每天要打很多電話。為了健康，我通常用藍牙耳機，可我常常把它掉在某處，忘記拿了。華為出了一款可以當藍牙耳機的智慧手環Talkband，接聽電話時，從手腕上取下耳機；接完電話後，再放回手腕上。

有時，我還要在酒店開電話會議。在微軟工作時，會議室有電話會議系統，在很大的會議室中，即便不直接對著麥克風說話，對方也聽得很清楚。我一直希望能把這套會議系統隨身攜帶。後來有了藍牙音響，這個問題就解決了。把手機跟藍牙音響連接，就可以對著空氣輕鬆開會，而不需要對著麥克風聲嘶力竭了。

我的行程非常滿，飛機、高鐵、汽車上的時間是非常重要的休息時間，我希望自己下了飛機就能精力充沛，可是飛機的轟鳴聲很大，很影響休息。後來我使用了主動降噪耳機，營造幾乎完全安靜的環境。戴上耳機，播放一段小橋流水，就可以在飛機上安心睡覺了。

掌握關鍵

## 行動辦公

行動辦公，可以使用三套工具：一、附帶手寫筆的平板電腦，把創造性思維拓展到旅途中；二、大螢幕手機＋藍牙鍵盤＋手機支架，營造類電腦辦公環境；三、藍牙耳機手環＋電話會議音響＋主動降噪耳機，營造更健康、輕鬆、有效的音頻環境。

延伸思考

**職場or生活中，可聯想到的類似例子？**

# 03

**啟動亮點**

如果讀書的目的是「高效獲取知識」，那就把紙本書當成個人喜好去享受，把電子書當成效率工具去掌握。

# 電子閱讀器——

## 如何一年讀上一百本書

在《5分鐘商學院》的線下課堂上，我向學員們推薦了一份精挑細選的書單，包含二十本我認為非常值得閱讀的，有助於升級對變化的商業世界認識的書籍，並希望學員盡量在一年之內讀完。

很多學員看到書單後驚嘆：「一年之內讀完，也就是兩週讀一本書，我這麼忙，哪有時間啊！」

其實我也很忙。但是，我一年中用各種方式讀的書不少於一百本。在零碎訊息、釣魚式標題文章泛濫的時代，讀書反而愈來愈重要。書籍裡的知識，相對來說更經得起推敲，更體系化。

怎樣才能高效地讀書呢？下面介紹一下我使用的讀書工具：電子閱讀器。以下是我使用電子閱讀器的兩個心得。

### 第一點，能讀電子書，不讀紙本書。

我常聽到有人這樣說：「電子書不符合我的習慣，沒有拿在手裡的質感，聞不到墨香，沒有翻書的過程，聽不到翻書的聲音，不能在上面圈圈點點，實在是很彆扭。而且，看電子書時設備沒電了怎麼辦？」

這就是習慣，是多年形成的讓自己感到舒適的行為。如果以「享受閱讀體驗」為目的，當然可以在一個陽光明媚的下午，在花香和墨香交融的後花園，捧一本小說，品一口咖啡，讀一段人生。但是，如果以「高效獲取知識」為目的，我建議改掉讀紙本書的習慣。讀電子書給我帶來很多明顯的好處。

首先，閱讀量提升。以前出差時，我會帶一兩本書放在行李箱裡。不但重，也不方便隨時閱讀。電子書可以隨買隨看，既充分利用零碎時間，也大大提高了閱讀量。

其次，筆記可搜尋。在紙本書上做筆記易存不易取，但用電子書做筆記就非常方便，而且電子書附有搜尋功能，可以隨時查閱筆記。

最後，互動性加強。在電子書中，可以看到書中的某一句話被多少人標記過；可以看到其他讀者對這本書的評論；還可以把看書過程中所做的讀書筆記隨手分享到社群，和朋友討論、互動，更深刻地理解這本書的內容。

如果讀書的目的是「高效獲取知識」，那就把紙本書當成個人喜好去享受，把電子書當成效率工具去掌握。

**第二點，選擇好的電子閱讀器。**

推薦三個電子閱讀器：「得到」App、多看閱讀和Kindle。這三個閱讀器各有特色，彼此補充，可結合使用。

「得到」App裡我最喜歡的功能之一是「每天聽本書」。坐車、走路、候機時，用二三十分鐘的零散時間聽完一本書的解讀，非常高效，奠定了我一年兩百～三百本書的基礎涉獵量，極大地拓展了我的知識邊界。

如果聽到的某本書很值得精讀，我就會在多看閱讀上購買這本書的電子版，仔細閱讀。多看閱讀有三個功能對我來說特別重要：語音朗讀全書、筆記自動同步、分享到社群。因為筆記自動同步功能，我標注的每一個句子，寫的每一條感悟，都會自動同步到 Evernote。

有些書是「得到」App、多看閱讀都沒有的，我會去亞馬遜 Kindle 閱讀器上購買。Kindle 最大的優點是電子墨水螢幕。Kindle 的顯示原理和紙本書一樣，都是通過自然光反射閱讀，對眼睛有一定程度的保護。

既然圖書全，又不傷眼睛，我為什麼不把 Kindle 列為首選電子閱讀器呢？因為在 Kindle 上做的筆記不能自動同步到 Evernote，更不容易分享到社群。這是 Kindle 的一個遺憾。

組合使用「得到」App、多看閱讀、Kindle 這三個電子閱讀器，我每年的閱讀量至少是一百本書。

掌握關鍵

## 電子閱讀器

如果想高效獲取知識，電子閱讀器是比紙本書更好的選擇。重點有二：第一，能讀電子閱讀器，就不讀紙本書，因為電子閱讀器能夠提升閱讀量、可以搜尋筆記且互動性強；第二，選擇好的電子閱讀器，Kindle、得到App、多看閱讀、Readmoo讀墨電子書等等，都各有特色。

延伸思考

**職場or生活中，可聯想到的類似例子？**

04

啟動亮點

訊息收集工具目的是為了讓收集籃開口足夠大，讓雲端筆記作為唯一的中心，管理所有的知識。

# 知識管理——

## 構建大腦的外接行動硬碟

時間管理方法GTD的第一步是「收集」，就是用一個「收集籃」，安放那些從大腦裡清除出來的事項。我把Evernote當成「大腦的外接行動硬碟」，把什麼都往裡裝，從而做到清空大腦，再忙也不焦慮，專注於思考。

但是，怎樣才能做到「什麼都往裡裝」呢？一份真實的紙質文件，怎樣才能放到虛擬的雲端筆記裡呢？還有名片、白板筆記、電子信件、微信文章、網頁新聞，又怎麼放到雲端筆記裡呢？下面介紹一些實用的工具。

**第一個，手機掃描器。**

想把供應商的紙質提案文件掃描進電腦，在出差途中看，怎麼辦？用掃描器？大部分中小公司，基本可以告別掃描器了。試試手機掃描工具。

我常用微軟的一款手機掃描軟體 Office Lens。打開 Office Lens，對準文檔，手機會自動識別文件邊界。點擊「拍照」，文件會自動被抓取出來。

還有一款非常優秀的手機掃描軟體，叫「掃描全能王」（CamScanner）。在辦公室、家裡、機場休息室，我都會在白板上記錄思考。然後打開掃描全能王，對準白板，它會自動識別白板邊界。點擊「拍照」，就能看到把角度擺正、拉平、做過增強和銳化的白板圖。

Office Lens 會把所有掃描文件自動同步到 OneNote，掃描全能王會把所有掃描文件自動同步到 Evernote。

值得一提的是，Evernote 支持在圖片裡搜尋文字。比如，在 Evernote 裡搜尋「創新」這兩個字，剛剛從掃描全能王同步過來的白板圖就會顯示出來。而且，圖片中我手寫的非常潦草的「創新」兩個字，會被螢光筆標記。

**第二個，名片辨識軟體。**

Evernote 的高級用戶可以直接把 Evernote 當成名片辨識軟體，把名片掃描進手機，同時存在 Evernote 和手機聯絡人中。

更神奇的是，如果這張名片的主人有領英（LinkedIn）帳戶，它會自動從領英帳戶獲取這個人的最新訊息，甚至可以掃描舊名片，獲得新訊息。

**第三個，其他各種收集器。**

電子信件怎麼收集呢？每個 Evernote 帳戶都有一個對應的信件地址。收到電子信件，把它轉發到對應的信件地址，這封信件就被放入收集籃了。如果覺得信件地址不好記，可以建立一個名為「我的 Evernote」的聯絡人，轉發信件時副本給這個名字就可以了。

微信文章怎麼收集呢？在微信裡搜尋並關注「我的印象筆記」公眾號，按照提示把微信帳號和 Evernote 帳戶相關聯。以後看到值得收藏的文章，就可以一鍵放進 Evernote 了。

微博文章怎麼收集呢？也可以把微博帳號和 Evernote 連結。看到任何想收藏的微博，在這條微博下面留言「@我的印象筆記」，這條微博就會自動同步到 Evernote 裡。

網頁新聞怎麼收集呢？可以在瀏覽器上裝一個「Evernote・擷取」的擴充套件，瀏覽網頁時，看到任何有價值的文章，一點圖標，就可以把這個網頁的內容截圖到 Evernote。

這些訊息收集工具，目的都是為了讓收集籃開口足夠大，讓 Evernote（或者其他類似軟體）作為唯一的中心，管理所有的知識。完全收集之後，才能完善處理和完整回顧。

**掌握關鍵**

## 知識管理

借助 Evernote 之類的工具，當作大腦的外接行動硬碟，盡可能收集有價值的知識，完全收集之後才能完善處理、完整回顧。怎樣把 Evernote 變為真正的知識管理工具呢？在「收集、處理、回顧」三步驟中，收集籃的開口要夠大，真正做到「大肚能容，吃盡線上線下所有知識」。怎麼做？用手機掃描軟體來掃描文件；用名片識別軟體來識別名片；用各種支援 Evernote 的外掛程式，從電子郵件或媒體網站等地方收集知識。

**延伸思考**

**職場 or 生活中，可聯想到的類似例子？**

## 05

**啟動亮點**

到了行動網路時代，如果文件還儲存在「孤島」上，不能隨時隨地存取，那就說不過去了。

# 雲端服務——

## 讓電子設備不再是一座座孤島

某員工在外面辦事，突然接到客戶電話，要一份文件。員工說：「我現在在外面，回到辦公室發給你可以嗎？」客戶說：「不行啊，待會兒就要和主管討論。」可是，文件不在手邊，手上的事又沒辦完，怎麼辦？

這種尷尬在很多人的工作中經常出現。為什麼只能「回到辦公室發給你」？因為文件可能在辦公室電腦或某臺行動設備上，這些設備就像一座座孤島——這在網路時代很常見。

但是，到了行動網路時代，如果文件還儲存在「孤島」上，就說不過去了。為了提高商業、管理、個人效率，應該嘗試一下早已如日中天的技術：雲端。

什麼是雲端？**簡單來說，雲端是把數據託管在可信賴的、隨時隨地可存取的第三方。**

為什麼能隨時隨地接收電子信件？因為信件不在電腦和手機上，而是在某個「可信賴的、隨時可存取的第三方」，也就是雲端上，比如微軟在香港的伺服器。

Evernote 裡的內容存在哪兒？在手機裡嗎？在電腦裡嗎？都不是。手機和電腦上的 Evernote 軟體都只是查看收集籃的界面。這個收集籃其實儲存在某地的某個機房，也就是某朵雲端上。

下面介紹幾類我常用的透過雲端來實現「隨時隨地訪問」的工具。

**第一個，隨時隨地點閱文件。**

把所有文件儲存在雲端，是提高行動辦公效率、及時響應客戶需求的第一要義。這和把錢存銀行，帶著信用卡出門，是一個邏輯。

我最常用的雲端儲存軟體是百度網盤，它可以在不需要人工操作的情況下，把所有設備上指定目錄的文件自動同步到雲端。

比如，我的課程大部分是在電腦上錄製的。錄製完成後，這份錄音就會自動同步到百度網盤上。如果我在高鐵上，產品經理需要某一節課程的原始錄音，我用手機上的百度網盤找到這個錄音，在電話掛斷之前，這個文件就發給他了。

同時，百度網盤也會隨時隨地把我隨手拍的照片、臨時錄音的思路或任何指定文件，自動同步到雲端。微軟的 OneDrive（雲端儲存服務）或小米的雲端服務都能實現類似功能。

**第二個，隨時隨地點閱照片。**

拍照不僅為了發社群，常常也是工作需要。把所有照片同步到雲端，可以解決至少兩個問題。

第一個問題是分享。我把手機上的所有照片設置為自動同步到小米雲端服務。比如，我在南極旅行，拍了張很可愛的企鵝，這張照片就會自動同步到雲端上。我在雲端上建一個「父母相簿」，當我把這張照片移到「父母相簿」時，地球另一邊正在看小米電視的父母，就會收到「有一張新照片要不要看」的提示。用遙控器選擇「看」，就能用電視看到我幾秒前拍的照片了。

第二個問題是辨識。小米雲端服務可以自動對照片進行臉部辨識。只要標記過一次這個人的名字，所有有關他的照片都會被自動標記。下次見面之前，在相簿裡搜一下某人的名字，就能看到他的所有照片。我和某人什麼時候見過面，一起參加過什麼活動，原來他和另一個人也彼此認識，都一目了然，聊天時自然就有話題了。

**第三個，隨時隨地點閱一切。**

除了文件、照片，還可以在對安全性有充分認識的情況下，把一切需要的資料同步到雲端。比如簡訊、聯絡人、即時通訊聊天記錄、正在寫作的文檔等。

但是，便捷性和安全性永遠是需要平衡的統一體。每家公司都有自己的文件安全策略，在把文件放上雲端，獲得便捷性的同時，一定要遵守公司的安全性要求。

個人在使用雲端服務時，要對網路安全有清晰認識。避免在所有網路平臺用同一個用戶名和密碼，過分依賴雲端。

掌握關鍵

## 雲端服務

將檔案、照片、簡訊、通訊錄等一切資料，同步上傳至雲端儲存空間，需要的時候就能隨時隨地存取，這麼做可以極大地提高商業、管理、個人的效率。不過，使用雲端服務必須對網路安全有清楚的認識，不能過分依賴。

延伸思考

**職場 or 生活中，可聯想到的類似例子？**

啟動亮點

人生中百分之八十的問題，早就被人回答過，只要搜尋就好。

# 06 搜尋工具——

## 百分之八十的問題都被回答過

有時我會在朋友圈、微博分享讀書感受，很多朋友會參與討論，非常有價值。直到我看到這樣的留言：請問這本書在哪兒買？我啞口無言。

這樣的人大多是網路時代的移民：在傳統時代，他們的訊息是通過「別人給」的方式獲得的，比如讀報紙、看電視；到了網路時代，面對海量的訊息，他們還沒有進化出「自己拿」的能力。

從「別人給」進化到「自己拿」的能力，就是搜尋能力。

過去二十年，微軟為了提高產品質，鼓勵每個工程師解決問題後，按照「症狀—原因—解決方案」的處方邏輯寫成文章，存入知識庫。這個知識庫有上百萬篇「處方」。微軟的工程師都被培訓過一種特殊技能，就是一邊與用戶通話，一邊在知識庫中搜尋，找到對症的「處方」：

「請打開事件日誌，看看有沒有紅色的錯誤……有的話，請告訴我事件編號。」工程師一邊說，一邊在知識庫裡搜尋「事件編號」，找到兩百篇文章。

「請問你的產品版本是？」工程師過濾後剩下五十篇文章。

「你最近有沒有裝一款叫××的軟體呢？」還有十篇。

「你最近做過……這項操作嗎？」還有兩篇。然後工程師迅速打開掃一眼「症狀—原因—解決方案」。

「你看看這個目錄，是不是清空了？是的。好，請你根據我的提示，做下面幾個操作……好了是嗎？感謝您致電微軟。」

這就是搜尋能力。**人生中百分之八十的問題，早就被人回答過，只要搜尋就好，剩下的百分之二十才需要研究。**

在網路時代，搜尋技能更為重要。怎樣才能從「伸手牌」進化為「搜尋高手」，獲得百分之八十的已知答案呢？

**第一點，掌握搜尋技巧。**

最簡單的搜尋技巧就是「－」（減號）。比如搜尋「柯林頓」，但好幾頁都是關於「陸文斯基」的，那麼，搜尋「柯林頓－陸文斯基」，就可以搜到那些沒有陸文斯基訊息的頁面。

再比如搜尋減肥的相關內容，每個人的說法不同，有的叫「瘦身」，有的叫「減重」。怎麼辦？搜尋「減肥OR瘦身OR減重」，包含這三個詞之一的文章就都被搜出來了。

但是，這樣搜出的結果也太多了。如果只有在標題中提到「瘦身的二十五個方法」一類的文章，才是真正想看的，怎麼辦？搜尋「intitle:減肥OR瘦身OR減重」。「intitle」的意思是：關鍵詞出現在標題中。這樣可以篩選掉關鍵詞沒有出現在標題中的文章。

如果想搜尋有關宇宙大爆炸的學術文獻。輸入「宇宙大爆炸」後，各種八卦、新聞充斥螢幕，怎麼辦？很多學術文章都是PDF的，可以搜「宇宙大爆炸 filetype: PDF」。這樣，只有包含「宇宙大爆炸」的

PDF文件才會出現。

掌握搜尋工具的技巧還不夠，「自己拿」的真正核心是選對搜尋的關鍵詞。

**第二點，善用關鍵詞。**

有一天，我坐在布沙發上看書、喝茶，突然覺得茶杯放桌子上好不方便，要是能放在沙發扶手上就好了。可扶手是布的，如果有個托盤就好了。但不同沙發的扶手寬度不同，托盤如果能扣在扶手上就好了。我不知道這個世界上有沒有這樣的產品，怎麼辦？搜尋。

我打開淘寶網，在搜尋欄輸入「沙發 扶手 托架」，找到了材質為塑料的產品，但這不是我想要的。我希望托盤的材質是木頭，於是我把關鍵詞改為「沙發 扶手 托架 木」，找到了材質為木質的一款產品，但這還不是我想要的。

不同沙發扶手的大小不同，這款產品的寬度是固定的，無法隨機調節以適合不同大小的沙發扶手。但我因此知道了「沙發 扶手」是淘寶賣家對這一類產品的通稱。所以，我繼續修改關鍵詞為「沙發 扶手 木墊」。

然後，與我腦海中設想的一模一樣的扶手出現在眼前，我立刻下了單。

從不知道有沒有這樣的產品，到最後買回辦公室，這完全依靠選擇、修改關鍵詞，利用搜尋工具。

## 掌握關鍵

### 搜尋工具

搜尋能力，是我們從傳統世界的「別人給」，進化到網路世界的「自己拿」，找到這個世界百分之八十已知答案的必修技能。如何提高搜尋能力？第一，熟練使用搜尋技巧，例如使用－減號排除、OR、intitle 和 filetype 等；第二，巧妙選擇、修改關鍵詞，不斷接近答案。

## 延伸思考

**職場 or 生活中，可聯想到的類似例子？**

07

啟動亮點

一切訊息，在任何時間、任何地點，透過任何設備，都唾手可得。

# 信件、行事曆、聯絡人——你的戰馬、盔甲和長矛

每次收到這樣的微信「對不起，我手機丟了，請把你的聯繫方式發給我，謝謝。」我內心都會忍不住吐槽：手機丟了不要緊，聯絡人也能一起丟？

信件、行事曆、聯絡人，是網路時代商務人士的戰馬、盔甲和長矛，一樣都不能丟。

拿起手機，我能立刻查到過去二十年每個人發給我的信件，看到五千七百六十一個聯絡人的聯繫訊息，以及在十六年前的某個下午，幾

點幾分，誰曾和我在哪兒開過多久的會，討論了什麼。

手機丟了？沒關係，買個新手機，花兩分鐘設置，五千七百六十一個聯絡人就全部回到了手機裡了。一切訊息，在任何時間、任何地點，透過任何設備，都唾手可得。

我是怎麼做到的？下面講一講我的方法。

**第一個，信件。**

要記住兩點。

一、作為商務人士，千萬不要使用免費信箱。名片上留QQ信箱是非常不職業化的。應該申請專門的公司信件後綴，表明自己是認真創業的，企業是正規的。谷歌的信箱後綴是google.com，騰訊的信箱後綴是tencent.com，都不是免費信箱。

二、保留所有歷史信件。美國的《沙賓法案》（Sarbanes-Oxley Act，全稱為《二〇〇二年上市公司會計改革和投資者保護法案》）要求在美上市的公司至少保留電子信件五年。我用它要求自己，保留了過去近二十年的信件。透過搜尋，可以隨時、瞬間調取歷史信件，提高溝通效率。

**第二個，行事曆。**

很多人都知道信件是存在「信件伺服器」的，但未必清楚行事曆、聯絡人同樣存在伺服器上。使用不提供雲端儲存的行事曆、聯絡人工具，是一個必須改掉的壞習慣。要把一切事情，都放進行事曆。

有同事邀請你開會？請他用信件發「會議邀請」，點擊「接受」，行事曆中就會多出一條日程。

訂了航班，收到簡訊、信件確認？把航班、酒店、信用卡還款等訊息，變成一條條日程，放進行事曆。

想在週五下午閉關兩小時，專心思考？也在行事曆中加一條。

我的時間顆粒度是三十分鐘，我會把所有占用時間的事放進行事曆。當有同事問我：「週三下午有半小時時間開會嗎？」我會立刻打開信件客戶端查看行事曆，然後回答：「兩點到三點可以，發個會議邀請給我。」收到邀請，我會把日程標為紅色——紅色表示重要且緊急的事，藍色表示重要但不緊急的事。

設置提醒也非常重要。週三下午一點四十五分時，手機提醒我：十五分鐘後，在三樓會議室開會。如果約了晚飯，設為提前一小時提醒；訂了航班，設為提前兩小時提醒；朋友生日，設為當天早上十點提醒。

微軟的 Office 365（訂閱式的跨平臺辦公軟體）還可以請助理幫忙安排行程。清晨，手機響起，一則行程跳出：一個半小時後，司機來酒店接我去客戶辦公室。在這之前，我需要吃早餐、退房。退房時需要的發票抬頭、統一編號，司機電話，客戶聯絡人姓名、職位，都在這則日程中。

這就是日程管理，這就是效率。

**第三個，聯絡人。**

從一九九八年開始，我堅持把聯絡人訊息都存在雲端，我的聯絡人現在已經有五千七百六十一人了。坦白說，我記不住每個人，但是聯絡人工具可以。使用聯絡人工具時要注意幾點：

第一點，輸入電話號碼時，一定要加上國別、區號。比如一個上海的固定電話號「61888888」，我們在手機裡要把電話號碼存為「+86（21）61888888」。因為如果在美國，撥打「61888888」，是撥不到上海的。

第二點，有時看到名字想不起來是誰，怎麼辦？認識新朋友之後，可以和他合張影，然後把他的頭像存入聯絡人。這樣，當他的電話響起，手機螢幕上就會出現他的照片。

第三點，如果正好知道朋友生日，也把它記入聯絡人工具，輸入到「生日」項目。每年的這一天，就會有條「日程」是朋友的生日。再把提醒設為當天早上十點。提醒響起，就可以給朋友發生日祝福了。

第四點，如果碰巧知道朋友的結婚紀念日、孩子生日或者愛吃的食物，一切有關訊息都可以存入聯絡人工具裡。下次想吃火鍋，在聯絡人裡一搜「火鍋」，同好就出現了。

把最基礎的「信件、行事曆、聯絡人」用到極致，會擁有神奇的效率。

掌握關鍵

## 信件、行事曆、聯絡人

信件、行事曆、聯絡人是商業世界的必備工具，如同上戰場時的戰馬、盔甲和長矛。使用時有幾點要注意：第一，不要使用免費信箱，而且要保留所有歷史信件；第二，把代辦事項和行程都輸入行事曆，有效率地管理日程；第三，運用聯絡人工具，幫助自己記住所有人。

延伸思考

**職場 or 生活中，可聯想到的類似例子？**

啟動亮點

只有把主動工具放到群組軟體這種流水線一樣的被動工具上，才能讓個體進度服從整體進度，高效向前。

08

# 群組軟體——把工具用起來

在某個會議上，CEO想讓負責產品的副總裁去德國考察，讓他考慮一下。某天，CEO問副總裁考慮得如何，副總裁說：「我正在忙品質改進的事，還沒空想這件事。」交代的事情沒有下文，怎麼辦？

為瞭解決這個問題，CEO學習了PDCA循環（質量管理方法）、SMART原則（目標管理方法）、Scrum方法（專案管理工具）等工具，卻遲遲沒有行動。為什麼會這樣？

工具分為兩種，一種是想用就用的「主動工具」，比如螺絲起子。

想用就拿出來，不想用也可以不用。另一種是不用不行的「被動工具」，比如流水線。配件在傳輸帶上一直往前走，無法叫停整體進度，唯有配合。

PDCA循環、SMART原則、Scrum方法，都是主動工具。只有把主動工具放到群組軟體這種流水線一樣的被動工具上，才能讓個體進度服從整體進度，高效向前。

下面介紹一款我正在使用的群組軟體Teambition，以它為例，說明群組軟體的價值。

### 第一個價值，自動化的PDCA循環。

某團隊負責人突然有個想法，想安排員工去做，可以用微信說一段語音或寫兩句文字。但是，這樣做會有兩個風險：一、團隊負責人會忘掉；二、員工會忘掉。他們很可能都不會「主動」想起來。

那怎麼辦？在Teambition中，創建一個「任務」，設好3W，也就是：任務內容（What）、執行者（Who）、截止時間（When）。

員工收到「新任務提醒」後，可以把任務從「待處理」泳道拖到「進行中」泳道。「泳道」是群組軟體中的術語，意思是一個個步驟，就像泳池的一條條獨立泳道。所有任務，最終只能被完成或者被取消，不能被忘掉。

**第二個價值，強制化的 SMART 原則。**

在 Teambition 或者類似的群組軟體中，都可以設定每個任務的截止時間，這就強制設定了 SMART 原則中的 T：time-based（有時間限制的）。

還可以在任務模組裡，專門定義S—M—A—R四個字段，要求每一項任務都強制符合 SMART 原則，否則無法創建。

**第三個價值，可視化的 Scrum 方法。**

在 Scrum 方法這篇文章（參見本書第六章）中，我把辦公室的一面白板做成 Scrum 衝刺看板，團隊員工每天站在看板前，開十五分鐘的每日站會。

群組軟體可以用軟體代替白板。用軟體替代白板最大的好處，是把 Scrum 的衝刺看板從人調整便利貼的「主動工具」變成軟體提醒的「被動工具」。可視化程度和工作效率都會極大提高。

當然，除了Teambition，還有很多其他不錯的群組軟體，比如Trello、Worktile、Tower等，都各有特色，團隊可以根據自己的情況選擇使用。

使用群組軟體的目的，始終是提高團隊的合作效率。它可以解決至少五個問題：

一、人工管理成本高，工作反饋延誤。

二、口頭布置工作，理解不透徹，容易遺漏，無據可依，無法問責。

三、工作分解，多人執行，無法追蹤。

四、無法瞭解間接下屬的工作情況。

五、計畫趕不上變化，過程不可控。

## 掌握關鍵

### 群組軟體

PDCA 循環、SMART 原則、Scrum 方法，這些工具都很有用。但是，只有把這些主動工具放到群組軟體（Groupware）這種流水線一樣的被動工具上，才能使個體進度服從整體進度，高效向前。建議公司嘗試 Slack、EGroupware、Trello、Workplace 等群組軟體，提升團隊的協作效率。

## 延伸思考

**職場 or 生活中，可聯想到的類似例子？**

09

啟動亮點

**把喜歡的、值得的、有能力做的事當成目標，賺錢當成結果，就會發現工作甜似生活；否則，生活苦如工作。**

# 休息、運動——

## 生活的對立面不是工作

曾經有人問我：「你這麼忙，週末日程都安排得這麼滿，怎麼平衡工作和生活呢？」

在很多人看來，六點之前是工作，六點之後是生活；週五之前是工作，週六開始是生活。如果不能平衡，就會很累。

我的觀點可能大多數人未必同意。把工作放在生活的對立面時，希望工作和生活「平衡」；可是，把工作當成生活的一部分時，就會希望工作和生活「整合」。比如，有些人覺得看電影是生活，可是我覺得工作比看電影更生活。

這世上的事情，不分工作還是生活，只分喜歡做還是不喜歡做，值得做還是不值得做，有能力做還是沒能力做。把喜歡的、值得的、有能力做的事當成目標，把賺錢當成結果，就會發現工作甜似生活；否則，生活苦如工作。

眞正需要平衡的不是工作和生活，而是工作、生活和它們的對立面——休息。工作辛苦，生活也很辛苦。感覺累的人，不是生活少了，而是休息少了。

下面介紹一下在繁忙的工作和生活中，我常用的幫助自己有效休息的工具。

**第一個，白噪聲軟體。**

充足的睡眠是最好的良藥。以前我每天能睡十~十二小時。即便現在，我每天也能保證七~八小時睡眠時間。

我是怎麼做到的呢？白噪聲軟體幫助不小。

科學家們發現，人類幾乎無法在零噪聲的環境裡生存，有實驗表明，人類在消音房間裡待五分鐘，耳膜就會開始疼。那種均勻的、類似於電視雪花音的白噪聲，相對於特別安靜的環境來說，反而有助於放鬆和睡眠。

我常用的白噪聲軟體叫 Relaxio，裡面除了電視雪花音之外，還有下雨、颱風、流水、火車、咖啡廳等日常環境噪聲。當我在安靜的房間裡，聽著白噪聲軟體模擬出來的電閃雷鳴和雨水打在窗戶上的霹哩啪啦聲，更容易放鬆下來，快速進入睡眠。

**第二個，眼罩＋降噪耳機。**

我每年出差的時間特別多，在交通工具上，如何充分休息呢？

首先，營造黑夜環境是入睡的要點。為了能在交通工具上快速、高品質入睡，我會隨身攜帶一個眼罩，營造黑夜的氛圍。

這個眼罩比較特別，它一面印著「吃飯叫我」，另一面印著「吃飯別叫我」。至於哪一面朝外，視情況而定。

另外，我還會隨身帶幾片一次性蒸汽眼罩。眼罩打開後，它能自動發熱二十分鐘左右，舒緩眼睛。

戴上眼罩，再用主動降噪耳機播放泉水擊打碎石的叮咚聲，我就可以輕鬆入眠。

**第三個，跳繩。**

更好的休息方式是運動。

張展暉在「得到」App開設的課程《有效管理你的健康》裡提到，健身有四個目的：減肥、增加身體柔韌度、增大肌肉和訓練心肺功能。這四個目的中，最關乎健康的其實是訓練心肺功能。

心肺功能相當於汽車的「排量」。排量五．〇的車，在高速公路上就比排量一．六的車性能更好，更有可操控性。同樣的道理，心肺功能愈好的人，愈能輕鬆駕馭一天的工作。

訓練心肺功能，跑步、游泳是不錯的方式。但對於時間顆粒度極小的我來說，跑步、游泳的效率實在是太低了。

那怎麼辦呢？我做了不少研究，也請教了很多專家，最後選擇了跳繩。因為，從訓練心肺功能角度來看，它的效率更高——跳繩五分鐘相當於慢跑半小時。姿勢正確的話，跳繩對膝關節的傷害性只有跑步的七分之一。

掌握關鍵

## 休息、運動

工作重要，生活重要，休息和運動也很重要。怎樣才能更好的休息和運動呢？推薦三個工具：一、白噪音軟體，幫助睡眠；二、眼罩、蒸汽眼罩、主動降噪耳機，幫助我們在旅途中休息；三、跳繩，高效訓練心肺功能，增加「排氣量」。

延伸思考

**職場 or 生活中，可聯想到的類似例子？**

10

# 我的一天——君子善假於物也

啟動亮點

我不忙，我只是時間不夠。

使用提高效率的工具，要感受對效率孜孜以求的心態和「君子性非異也，善假於物也」的狀態。下面講講我的一天是如何借助這些工具提高效率的。

早上七點，鬧鐘響起，新的一天開始了。我看了一眼手機裡的行事曆——七點半有車來接我坐九點半的航班去北京。

還有三十分鐘的時間準備出門，這太寬裕了。我對智慧音響說：「播放『得到知識新聞』。」然後在新聞的陪伴下，洗漱、跳繩、吃早餐，準備出門。

上車之後，我用語音輸入法回覆《5分鐘商學院》的留言，然後回微信、朋友圈、微博、信件。離到達機場還有一段時間，我又打開Evernote，整理收集籃，把幾十條靈感、文字、語音等資料歸到「下一步行動」中。收集籃完全清空，差不多需要一小時，車也到了虹橋機場。下車時，我的所有工作都安排完了，一身輕鬆。

因為我是中國東方航空的白金卡用戶，只用十分鐘就到了貴賓休息室。在用貴賓身分換來的昂貴的三十分鐘裡，我打算梳理一個新觀點。我拿出平板電腦，用手寫筆在上面畫起了模型。廣播響起，我的航班居然準點登機了。我把模型存入Evernote，前往登機口。

上了飛機，我戴上主動降噪耳機，飛機的轟鳴聲隨之消失。打開Kindle電子閱讀器，用「快速閱讀法」翻完四本最近想讀的書。這些書都很有見解，但核心觀點其實一篇文章也能講清楚。看完書後有點兒睏，我戴上眼罩，把「吃飯別叫我」那一面朝外，開始睡覺。

在飛機落地的震動中，我被搖醒了。看了一眼手腕上的智慧手環，今天我累計睡了八．五小時——達標！打開手機，日程提醒跳出來，告訴我接車司機的姓名、電話和車牌號碼。

上車後接到一通電話，是個多年沒見的老朋友。我從智慧手環上取下藍牙耳機，掛在耳朵上說：「張總，好久不見啊。」他說：「聽說你來北京了？晚上要不要聚聚啊？」我說：「稍等，我看下日程。」我用手機查完日程，說：「我最後一個會議是晚上九點半結束。九點半我們在××酒店聊一會兒？」他說：「好，一言為定。」

掛了電話，微信綁定的Teambition群組軟體提醒我，同事又給我安排了三項工作任務。我打開任務看板，看了下新任務，然後在日程裡鎖死幾個專門完成任務的時間。安排完工作，又回覆了幾條《5分鐘商學院》的留言，就到了活動會場。下車時，我的所有工作又都安排完了，一身輕鬆。

到達會場，主辦方為我準備了快餐。我迅速吃完，進入主會場。

我要和幾位非常尊敬的嘉賓同臺演講。坐下來後，我拿出手機支架和折疊藍牙鍵盤，連上手機，認真做筆記，並存到Evernote裡。受幾位嘉賓的啟發，我突然有了幾個靈感，迫不及待地把它們記錄下來，放入收集籃。

演講完畢，請我做顧問的客戶接我去晚宴會場。路上的一小時，我用來和客戶討論專案進展。聊著聊著，我問：「你有沒有讀過最近的一份新零售分析報告？裡面的數據和洞察很有價值。」他說沒有。我拿出手機，打開百度網盤，把分析報告分享到客戶的微信。因為所有資料都在手邊，隨時隨地可分享，極大提高了我們的溝通效率。

到了晚宴現場，看到很多新老朋友。有個人和我聊天，但我想不起他的名字。我說：「我們合張影吧。」拍完照後，手機立刻顯示出了他的姓名，並把我們以前的合影都找了出來。

晚飯後，我趕快回到房間，因為八點半有個電話會議。拿出 BeoPlay A1（藍牙音響品牌），連上手機，我放鬆地躺進沙發，對著房間開始說話，彼此聲音清晰，就像對方在房間裡一樣。沒輪到我發言時，我就拿出跳繩運動幾分鐘。

九點十五，手機提醒我，十五分鐘之後要和老朋友見面。電話會議結束，我來到行政酒廊，和朋友一起回憶在微軟的崢嶸歲月，時而唏噓不已，時而哈哈大笑。

十點半，我已經躺在酒店的床上了。最後一次回覆《5分鐘商學院》的留言，清空收集籃，看 Teambition 看板，刷朋友圈。所有的事情都已清空，一身輕鬆。

為了保證睡眠，我給手機設置了晚上十一點到早上七點的「勿擾」模式。不在白名單裡的電話，都不亮螢幕、不響鈴、不振動。

到了十一點，我的手機自動進入「勿擾」狀態，整個世界都安靜了。我用 BeoPlay A1 放了十五分鐘雨水打在窗戶上的白噪聲，甜甜地睡去。

充實但不焦慮的一天結束了。我不忙，我只是時間不夠。

掌握關鍵

## 我的一天

利用各種提高效率工具，進行思考、時間、知識、社交的管理，從容地工作與生度過充實而不焦慮的一天。

延伸思考

**職場or生活中，可聯想到的類似例子？**

第6章

# 創新與領導

01 **SCQA架構**—說話沒重點是因為缺結構

02 **一對一會議**—把「聽我說」變為「聽你說」

03 **羅伯特議事規則**—怎麼開會才有效

04 **Scrum**—「逼死自己」的方法論

05 **視覺會議**—讓右腦一起來開會

06 **作戰指揮室**—外部變化愈劇烈，內部辦公愈集中

01

# SCQA架構——說話沒重點是因為缺結構

**啟動亮點**

**有時候老闆不滿意你的報告，不一定是因為報告沒有重點，而是因為你的陳述抓不到重點。**

某員工要向老闆匯報工作，連夜準備了四十多張PPT。可是他剛講到第二頁，老闆就有點兒不耐煩了。講到第五頁的時候，老闆打斷說：「不要講PPT了，直接說重點。」該員工當場就傻了。

為什麼會這樣？員工覺得自己說的都是重點，感到很委屈。其實，老闆不滿意，並不一定真的因為報告沒有重點，而是在員工沒有受過結構化表達訓練的混亂陳述中，抓不到重點。

什麼是結構化表達？麥肯錫諮詢顧問芭芭拉·明托除了提出MECE法則之外，還在《金字塔原理》一書中提出了一個結構化表達工具：SCQA架構。S，即情境（situation）；C，即衝突（complication）；Q，即問題（question）；A，即答案（answer）。

SCQA架構有不同的組合方式，其中，標準式（SCA）是：情境—衝突—答案。

我在《每個人的商學院．商業基礎》裡介紹「心理帳戶」的概念時，就用了SCA的邏輯架構。

先介紹情境，即S：「如果你是一個業務，滿懷激情地跟客戶聊了很久，介紹了半天產品，他也確實很心動，似乎什麼都好，但最後還是覺得太貴了。」

然後分析常識衝突，即C：「客戶真的小氣嗎？可是他的包、手錶都很奢華。那麼，有沒有什麼辦法讓這些所謂小氣的客戶變得大方呢？」

最後給出答案，也就是A：「那我們就來講一講小氣和大方背後的商業邏輯。」

芭芭拉．明托的SCQA架構，還可以變形組合出其他模式，幫助我們在很多溝通場合，比如演講、匯報、寫作時，有效地表達觀點。

**第一種，開門見山式（ASC）：答案—情境—衝突。**

回到開篇的案例，員工可以試著用如下方式報告。

「今天我要報告的，是關於把公司的銷售激勵制度，從抽成制改為獎金制的提議。」——這就是開門見山，直接拋出答案。

「公司從創始以來，一直使用抽成制來激勵業務隊伍。這是三大主流激勵機制（抽成、獎金、分紅）中的一種，三種激勵機制分別適用於不同的場景。」——這就是情境，對激勵制度做一個完整的介紹。

「但是，抽成制在公司業務迅猛發展，覆蓋地區愈來愈多的情況下，造成了很多激勵上的不公平：富裕地區和貧窮地區的不公平、成熟市場和新進入市場的不公平，甚至出現員工拿到大筆抽成，但公司卻虧損的問題。」——用「答案—情境—衝突」開門見山地和老闆溝通，第一句就是重點。

**第二種，突出憂慮式（CSA）：衝突—情境—答案。**

突出憂慮式的關鍵在於強調衝突，引導聽者的憂慮，從而激發其對情境的關注以及對答案的興趣。醫生常用這一模式。

「哎喲，你病得不輕啊！」——這就是衝突。聽到這句話，應該沒有人心裡不咯噔一下。

「還好，能治。美國剛剛有一項最新研究成果，通過了FDA認證。」——這就是情境。聽到這句話，病人懸到嗓子眼的心總算能放下來了。

「就是……有點兒貴。」——這就是答案。這時候，大概再貴，病人也願意購買。

**第三種，突出信心式（QSCA）：問題—情境—衝突—答案。**

「今天全人類面臨的最大威脅是什麼？」——這是一個問題。

「幾十年來，科技高速發展，人類擁有的先進武器完全可以摧毀地球幾十次。」——這是一個情境。

「但是，我們擁有摧毀地球的能力，卻沒有逃離地球的方法。」——這是一個衝突。

「所以，我們今天面臨的最大威脅，是沒有移民外星球的科技。我們公司將致力於私人太空探索技術，在可預見的未來，實現火星移民計畫。」——這是一個答案。

掌握關鍵

## SCQA 架構

這是一種結構化表達工具，將說話邏輯分成了情境（situation）、衝突（complication）、問題（question）、答案（answer）。SCQA 架構可以排列組合，幫助人在不同場合中，找到適合的表達方式。除了標準式（SCA），還有三種常見的組合：第一，開門見山式（ASC）；第二，突出憂慮式（CSA）；第三，突出信心式（QSCA）。

延伸思考

**職場 or 生活中，可聯想到的類似例子？**

02

啟動亮點

一對一會議是從你到我、從下到上的溝通工具。

# 一對一會議——

## 把「聽我說」變為「聽你說」

某老闆非常器重一個員工，給他最好的待遇和最大的責任，期待他能成長為合夥人。但突然有一天，這個員工說：「我思考了很久，決定暫時離開大家，嘗試一些新的機會。」老闆很吃驚：「為什麼？這裡有什麼不好嗎？」他說：「沒有，這裡非常好，但我有自己的夢想。」老闆立刻無言了，他開始反思：為什麼員工「思考了很久」，而自己居然不知道！

這是因為老闆和員工之間嚴重缺乏溝通。

老闆覺得自己和員工的溝通挺多的，經常開會，甚至半夜還通電話討論專案。可是，這些都是老闆「按我的需求發起，被我的目標主導，用我的邏輯進行」的溝通——這些溝通的關鍵詞是「我」。老闆缺乏的是「按你的需求發起，被你的目標主導，用你的邏輯進行」的溝通——這些溝通的關鍵詞是「你」。在以「我」為核心的溝通中，是聽不到「你」的心聲的。

怎麼辦呢？可以試試一種以「你」為核心的溝通工具——一對一會議。

什麼叫一對一會議？

我在微軟工作時，公司要求管理者每兩週，至少每個月，與每個直接下屬單獨開一次一小時的一對一會議。那時我有二十九個直接下屬，分布在上海、香港、臺北、首爾和班加羅爾。就算每個月和每個人花一小時開會，那也意味著二十一個工作日中，大約有三．五天都在開一對一會議。這效率也太低了吧！把二十九個人召集在一起，一個小時搞定，不行嗎？

真不行。有一次，我和一位直接下屬開一對一會議。我問：「今天妳想和我聊點兒什麼？」她有點兒猶豫，但終於開口說：「我知道以客戶為中心很重要，我知道客戶永遠是對的，但有個客戶實在太不講理了。」然後，她講述了客戶如何居高臨下，反覆無常。

我知道這是溝通技巧的問題，於是跟她說：「來，我們一起回這封信件。」我和她一邊回信件，一邊逐字逐句地討論為什麼這麼寫。信件發出去了，她非常高興。

我很快就忘了這件事。一個偶然的機會，我通過第三人瞭解到，她常和別人說起這件事，很感激我。那一刻我突然意識到，原來一個有效的一對一會議是如此重要。如果沮喪、無助積累下來，她會不會某天對我說「我思考了很久，決定暫時離開大家」呢？

**一對一會議是管理人員定期與每位下屬進行的、以對方爲中心的面對面談話。**公司裡絕大多數溝通，都是從「我」到「你」，從上到下；而一對一會議，是從「你」到「我」，從下到上的溝通工具。管理人員用一對一會議的方式，把時間投資給員工，可以收獲更好的業績、更高的效率和更大的忠誠度。

如何進行有效的一對一會議呢？

**第一點，嚴格定期溝通。**

在日程表上，早早確定未來一年與每個員工的一對一會議。開會時，主動闔上電腦，把手機調到振動狀態。千萬不要遲到，更不要在最後一分鐘取消會議。會議時間最少三十分鐘，一小時最好。總之，認真對待，而不是有空就聊。

**第二點，少說少問多聽。**

這不是演講會，要盡量遵守「二十五／二十五／五十」原則：百分之二十五的時間用來問，百分之二十五的時間用來說，剩下百分之五十的時間用來聽。這不是專案回顧會，不要上來就問：「你手上的幾個專案，進展得怎麼樣？」一對一會議的核心是「你」，請員工事先準備好討論清單，讓員工擁有這個會議，而不是被管理人員「叫去談話」。

**第三點，主動幫助員工。**

一對一會議的最終目的是解決問題。遇到什麼困難了嗎，我如何幫助你？有沒有不開心，我如何幫助你？團隊合作愉快嗎，我如何幫助你？最近學到了什麼新東西，還想學什麼，我如何幫助你？每一個問題背後的終極問題都是：我如何幫助你？

**第四點，及時表達感謝。**

關心員工職業發展，詢問員工近期情緒的變化。但最重要的是，要對他做得正確的事情表達感謝。面對員工，用五秒鐘時間緩慢而堅定地說一聲：「謝謝！」

## 掌握關鍵

# 一對一會議

一比一會議，是管理人員定期與每位下屬進行的以對方為中心的一對一談話。管理人員用一比一會議的方式，把時間投資給員工，可以收穫更好的業績、更高的效率和更大的忠誠度。進行有效的一比一會議，要遵循四個原則：嚴格定期溝通、少說少問多聽、主動幫助員工、及時表達感謝。

## 延伸思考

**職場or生活中，可聯想到的類似例子？**

03

## 羅伯特議事規則——怎麼開會才有效

啟動亮點

為什麼投入同樣的時間，有的人能賺取極高的結論價值，有的人卻血本無歸呢？

某團隊召開會議，討論是開發獨立的App還是繼續依託微信營運。有人說：「必須做App，因為用戶是我們的命，始終要獨立。」有人說：「依託微信至少還有命，自己做連命都沒有。」有人說：「你們看到微信上被封鎖的官方帳號了嗎？」……眼看戰火升級，團隊負責人打斷他們：「都別說了，先討論點兒有意義的！」不文明、離題、插嘴、一言堂，種種問題讓這場討論沒有任何結論。

開會，是用時間換結論的商業模式。可為什麼投入同樣的時間，有的人能賺取極高的結論價值，有的人卻血本無歸呢？

這是因為使用的開會商業模式不對。美國國會使用的開會商業模式《羅伯特議事規則》被稱為「開會規則聖經」。這本書內容豐富，其中的精華可以總結為「十二原則六步法」。

回到開篇的案例，如果運用「十二原則六步法」，這個會應該怎麼開呢？

**第一步，動議。**

動議，就是行動的建議，必須包括時間、地點、人員、資源、行動、結果。比如，「我動議：投入五十萬元，調撥十二人，三個月內做出獨立Ａｐｐ。建議在上海開展，由開發總監負責。」

動議的中心原則是：先動議後討論，無動議不討論。

**第二步，附議。**

只要有一個人說「我附議」，就可以進入議事流程。

如果沒有人附議，主持人可以附議嗎？不可以。這涉及主持中立原則：主持人有控場權，必須從討論中抽離。主持人不得發表意見，不得總結別人的發言，即便主持人是領導也不行。

**第三步，陳述議題。**

主持人清楚地陳述議題，讓與會者明確會議討論的內容到底是什麼。

**第四步，辯論。**

主持人宣布開始後，有人立刻發言：「我的動議其實是大家的普遍觀點，你們說是嗎？」很多人紛紛插話「是的」、「我早就這麼想了」。這種局面很危險：動議方在造勢，一種意見一哄而上，會壓制不同聲音。那怎麼辦？啟動機會均等原則：任何人發言前，必須得到主持人允許。先舉手者優先，未發言者優先。同時，盡量讓正反雙方輪流發言，保持平衡。

如果有人舉手說「我覺得都可以，要看具體情況」，這也很危險。這種發言沒有觀點，無助於結論。應該啟動立場明確原則：發言人要先表明立場，再說明理由。

如果某人正在發言，突然有人打斷他：「你這個想法不現實，因為……」這種情況更危險。應該立即制止，強調發言完整原則：不能打斷別人。以及面對主持原則：發言要面對主持人，參會者之間不得直接辯論。

如果討論過半，有人一直在說，有人一言不發，要提醒一直在說的人限時限次原則：「一個議題，每人最多發言三次，每次最多兩分鐘。這是你第三次發言，請注意。」

如果他回答：「好，那我說說另一件有關的事吧。」主持人還是要打斷他：「一時一件原則，不得離題。」

這時，他很生氣：「可這件事已經討論很久了。」主持人要宣布遵守裁判原則：主持人最大，無條件服從。

他惱羞成怒：「他們的想法實在太蠢了。」主持人要使用文明表達原則：不得人身攻擊，不得質疑他人動機、習慣或偏好。

在一系列規則下，辯論終於變得有序、交替、高效。

**第五步，表決。**

開發總監覺得差不多了，說：「表決吧。」然後舉起了手。

主持人請他把手放下去，宣布充分辯論原則：「還有發言機會的人都講完了嗎？」討論充分方可表決。

終於都表達完畢了，可以啟動多數裁決原則：贊成人數多於反對人數即為通過。平局算未通過。

表決時，不允許有人說「同意的跟我一起舉手」並先舉手，然後盯著每個人看，不舉手的就使勁兒盯，直到人數夠了就宣布通過。

主持人應先說「贊成的請舉手（停頓幾秒），請放下」，再說「反對的請舉手（等幾秒），請放下」。不要請棄權的舉手。主持人必須最後舉手。

**第六步，宣布結果。**

「最終以十五票贊成、八票反對、兩票棄權通過開發App。散會。」

這就是一場符合《羅伯特議事規則》的討論。

掌握關鍵

## 羅伯特議事規則

這套規則的精華為「十二原則六步法」。十二原則是動議中心、主持中立、機會均等、立場明確、發言完整、面對主持、限時限次、一時一件、遵守裁判、文明表達、充分辯論、多數裁決。六步法是動議、附議、陳述議題、辯論、表決、宣布結果。

延伸思考

**職場 or 生活中，可聯想到的類似例子？**

01

**啟動亮點**

**逼死自己不僅是一種精神，更需要一套方法論。**

# Scrum——「逼死自己」的方法論

Scrum是橄欖球比賽中「爭球」的意思，想像一下爭球時運動員的敏捷、激情和你爭我搶。Scrum方法就是取義於此，是被廣泛應用於IT界的一套專案管理工具。

簡單來說，Scrum是由三個角色（產品負責人、Scrum專家、團隊成員），四個儀式（衝刺計畫會、每日站會、衝刺評審會、衝刺回顧會）和三個物件（產品積壓、衝刺積壓、燃盡圖）組成的一套專案管理方法。

首先，要有一份「產品積壓」。積壓（backlog），就是自帶「趕快處理我吧」這種情緒的需求清單。

接著，舉行衝刺計畫會。

衝刺，是一次竭盡全力的短跑。Scrum的核心，是把整個專案分成若干段衝刺，每次時長為二~四週，衝完這一段再進行下一段。

作為產品負責人，召開衝刺計畫會時要訂下三件事：

一、衝刺目標。比如，「本月衝刺三十五篇文章」，訂下目標後，把它從「產品積壓」移入「衝刺積壓」。

二、衝刺方法。比如分為六步：概念起點、初始想法、案例文稿、原始錄音、錄音終稿和最終交付。

三、分配任務。團隊成員五人，在六個步驟中，各自主動領取任務。

產品負責人把目標、方法和任務分配寫在白板上——白板是團隊最重要的工作檯。

一個月三十五篇文章，平均每個工作日要完成至少一．五篇，工作壓力非常大，但這就是衝刺。

然後，每天早上要舉行每日站會。

團隊成員站在白板前，進行不超過十五分鐘的進度溝通。Scrum 專家的職責是保證流程順利，並引導成員說三件事：昨天做了什麼？今天打算做什麼？有什麼困難？

同事A說：「我昨天收集了兩篇文章的素材。」於是，A把那兩張寫著文章名字的便利貼從「初始想法」移到「案例文稿」。同事B說：「我寫完了一篇專欄並錄了語音。」於是，B把這項任務從「案例文稿」移到「原始錄音」。同事C說：「今天我要花十小時寫兩篇專欄，我的困難是素材品質不高。」——這時不要討論素材品質不高的原因和解決辦法，會後再討論。

十五分鐘內，每人說三句話，把文章從上一步挪到下一步。開完會，完成的文章從十五篇變成了十七篇。這時，要更新牆上的燃盡圖。

燃盡，是「燒完」的意思。隨著時間推移，剩餘工作量愈來愈少。把計畫進度畫成一根從左上到右下的線，把實際進度用其他顏色標在旁邊，工作量就像蠟燭燃燒一樣不斷減少。

實際進度在計畫進度上方，說明落後了。怎麼辦？少廢話，立刻去

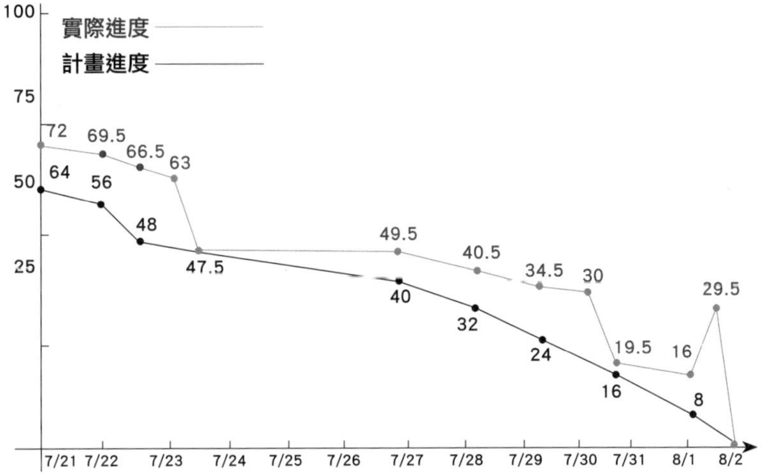


幹活。

在每日站會的緊張感和剩餘任務逐漸燃盡的成就感中，一輪衝刺終於結束了，可以開始衝刺評審會和衝刺回顧會。

衝刺評審會由產品負責人主持，一起審閱交付的產品，也就是文章。

衝刺回顧會主要討論開始做什麼、停止做什麼、繼續做什麼，也就是復盤。復盤之後再啟動下一輪衝刺。

羅振宇說：「逼死自己，愉悅他人。」逼死自己不僅是一種精神，更需要一套方法論。

掌握關鍵

## Scrum

Scrum 是一套項目管理流程，包括三個角色（產品負責人、Scrum 專家、開發團隊）、四個儀式（衝刺計畫會、每日站會、衝刺評審會、衝刺回顧會）和三個物件（產品積壓、衝刺積壓、燃盡圖）。Scrum 的本質是把一次漫長的長跑，分割成一段段全力以赴的衝刺，透過流程提高效率。

延伸思考

**職場 or 生活中，可聯想到的類似例子？**

05

啟動亮點

只有左腦參與的會議，就是「半個人」開會，與會者容易身體疲勞，邏輯混亂。

# 視覺會議——
## 讓右腦一起來開會

又開會了。和往常一樣，老闆滔滔不絕，經理七嘴八舌，員工一臉茫然。會議結束後，老闆總結說：「今天的會議卓有成效。小Z整理一下會議紀要，記住：Who do What by When。」小Z一臉茫然地點頭答應。當天下午，老闆收到會議紀要後很無奈，他認為的核心和重點一點兒都沒有突出。

這種現象，幾乎所有管理者都會遇到。老闆坐下來反求諸己：「為什麼我腦海中留下的會議畫面和記錄者腦海中的完全不一樣？那其他與會者呢？十個人帶著十幅畫面離開嗎？這太可怕了。」

這是因為與會者缺乏參與感。可是，大家討論得很激烈，怎麼會缺乏參與感？

缺乏參與感，不是指左邊的人參與了，右邊的人沒參與；而是指與會者的左腦參與了，右腦卻沒參與。他們其實都只帶了「半個人」來開會。

科學研究表明：左腦負責語言，右腦負責視覺。一場只有左腦參與的會議，就是「半個人」開會，與會者容易身體疲勞，邏輯混亂。試著在白板上把會議的內容畫成圖，讓另外「半個人」——右腦也參與進來，開一場「視覺會議」。

什麼是視覺會議？

回到開篇的案例。開完會，老闆說：「今天的會議卓有成效。下面，請視覺記錄師用『畫廊漫步』的方式，做個回顧。」

所有人站到白板前。老闆說：「我們今天討論了……大家有……觀點，這個問題的核心是……問題出在……下一步要……」老闆一邊講，

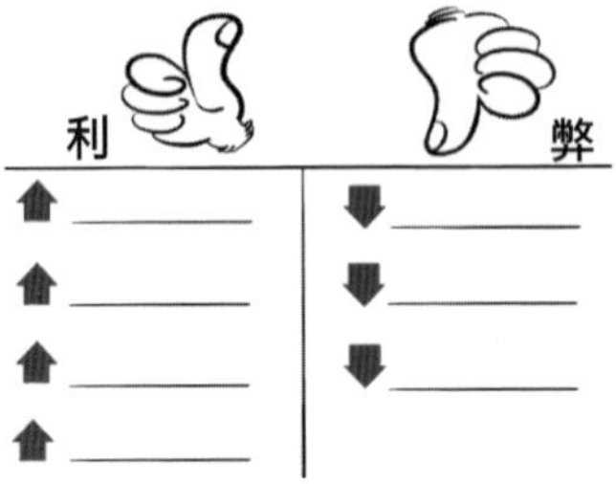


利弊圖

視覺記錄師一邊畫，所有與會人員邊看圖畫邊回顧內容重點。其間，與會者對某些點滴產生共鳴，興奮地議論。

畫完後，看著會議邏輯全景圖，所有與會者腦海中會留下同一幅畫面。老闆讓小Z把這幅圖貼在走廊上，讓大家時刻回顧，並把電子版附在會議紀要的信件裡，供大家保存、回憶。

**這就是視覺會議，將思維視覺化，透過圖畫將會議內容邏輯清晰呈現的溝通工具。**

思維視覺化，到底有什麼用？增強與會者的參與感。更重要的是，讓所有與會者用全景畫面同步思考，甚至共同創作，最終極大增強群體記憶，促進專案的跟進落實。

當然，不需要每次開會都請視覺記錄師，

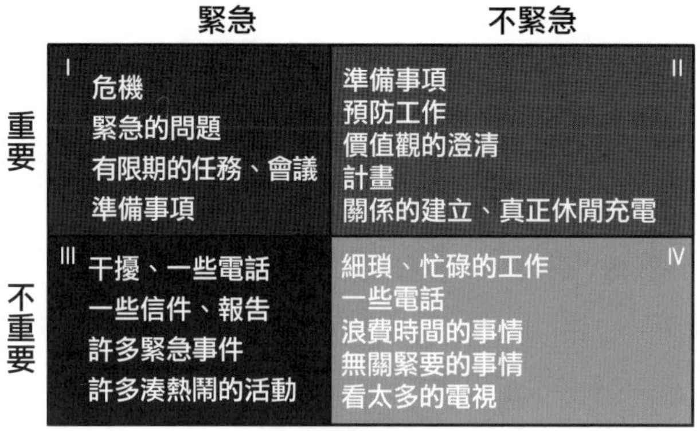
緊急
不緊急
重要
不重要
I
危機
緊急的問題
有限期的任務、會議
準備事項
II
準備事項
預防工作
價值觀的澄清
計畫
關係的建立、真正休閒充電
III
干擾、一些電話
一些信件、報告
許多緊急事件
許多湊熱鬧的活動
IV
細瑣、忙碌的工作
一些電話
浪費時間的事情
無關緊要的事情
看太多的電視

二維四象限圖

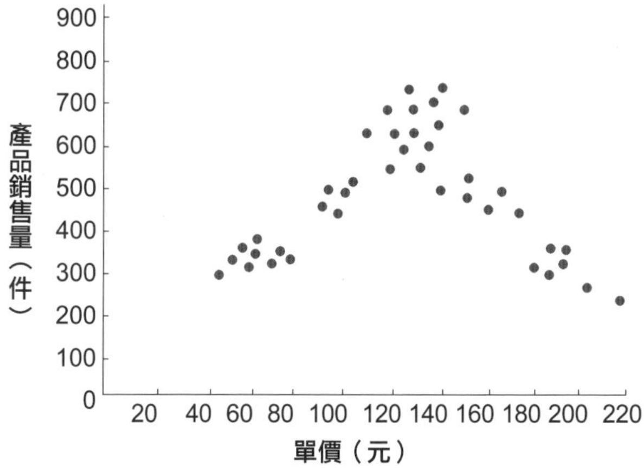
產品銷售量（件）
900
800
700
600
500
400
300
200
100
0
20
40
60
80
100
120
140
160
180
200
220
單價（元）

分布圖

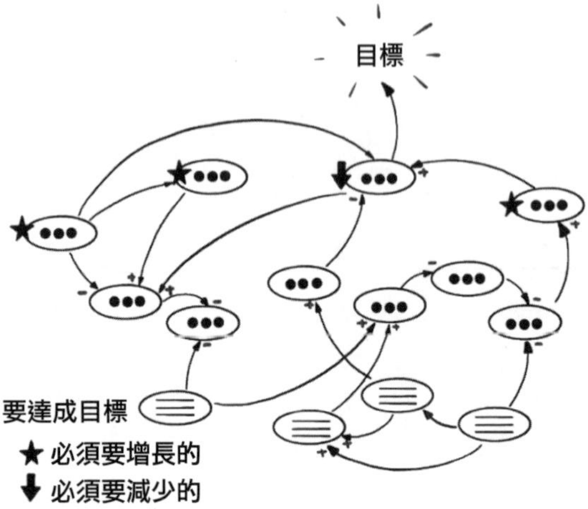


系統圖

掌握下面十種常見的視覺圖，就可以有效地實現參與感，幫助全景思考，增強群體記憶。

**第一種，邏輯結構視覺圖。**

要想表達事件之間的邏輯關係，可以試試利弊圖、二維四象限圖、分布圖、系統圖。

利弊圖，是把好處和壞處分別列出來，比較權衡；二維四象限圖，是用對立統一的方法，討論兩個概念組成的四種可能情況；分布圖，是把數據放進圖表中，摸索數據之間的關係；系統圖，是畫出要素間的相互作用，尋找規律。

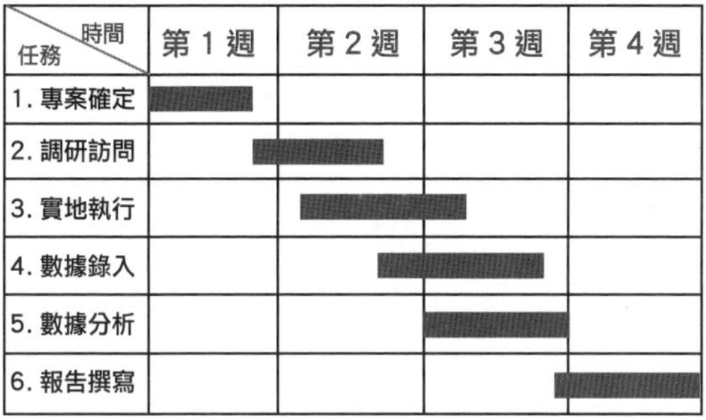
時間
任務
第 1 週
第 2 週
第 3 週
第 4 週
1. 專案確定
2. 調研訪問
3. 實地執行
4. 數據錄入
5. 數據分析
6. 報告撰寫

甘特圖

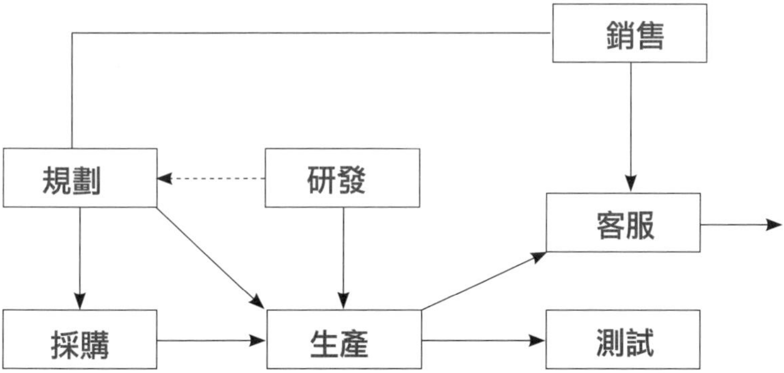
銷售
規劃
研發
客服
採購
生產
測試

流程圖

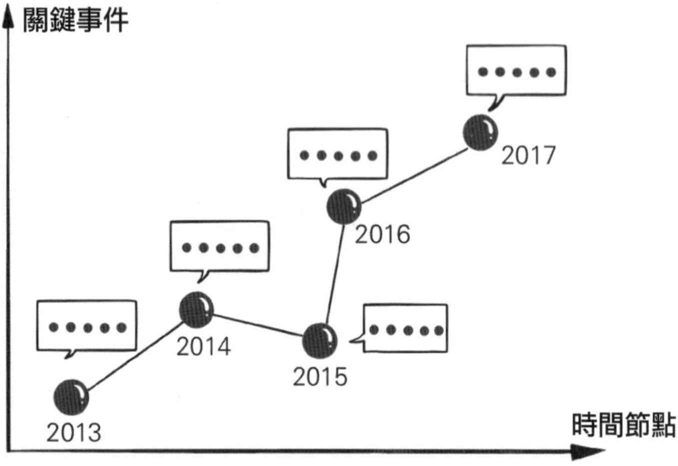


歷史圖

**第二種，時間順序視覺圖。**

當想要表達的概念有先後順序，與時間相關時，可以試試甘特圖（Gantt Chart）、流程圖、歷史圖。

甘特圖，是把任務列表放入時間軸，看清任務之間的關係；流程圖，注重任務的先後順序和相互依存的邏輯；歷史圖，是在時間軸上表明關鍵事件和節點。

**第三種，發散思維視覺圖。**

當思維沒有邏輯結構、時間順序，比較發散時，可以試試心智圖、魚骨圖、曼陀羅圖。

心智圖，從一點出發，發

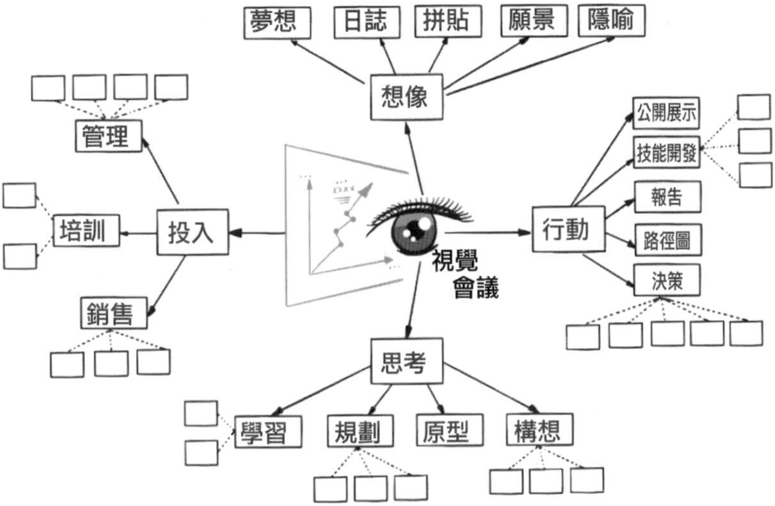
夢想
日誌
拼貼
願景
隱喻
想像
管理
培訓
投入
銷售
公開展示
技能開發
報告
行動
路徑圖
決策
視覺
會議
思考
學習
規劃
原型
構想

心智圖

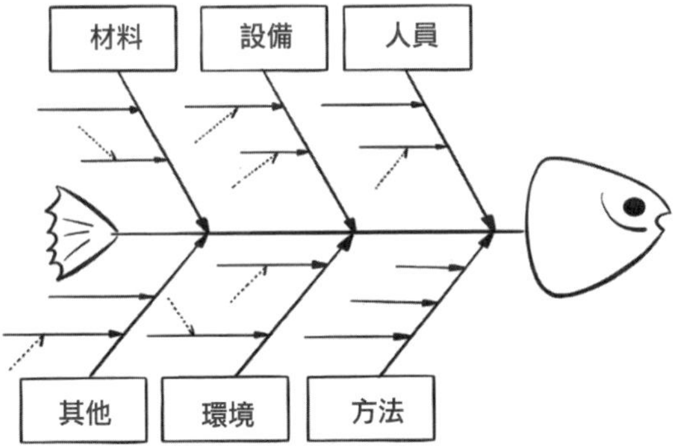
材料
設備
人員
其他
環境
方法

魚骨圖

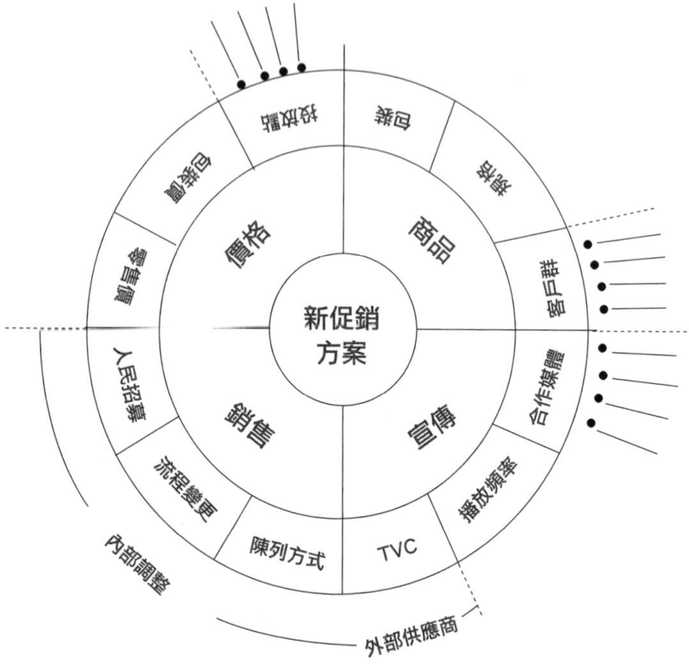


曼陀羅圖

散性地拓展思維；魚骨圖，從結果開始，發散性地尋找原因；曼陀羅圖，從核心開始，發散性地拓展到外圍。

掌握了這十種視覺圖，就可以在大部分會議上，拿出一支筆，邀請右腦一起來開會。

## 掌握關鍵

# 視覺會議

為了讓與會者有參與感、用全景思維來思考並增強群體記憶，可以用畫圖的方式，邀請右腦一起來開會。記住三類（邏輯結構、時間順序、發散思維）視覺圖，就可以成功召開大部分的會議了；具體包括：利弊圖、二維四象限圖、分布圖、系統圖、甘特圖、流程圖、歷史圖、心智圖、魚骨圖、曼陀羅圖。

## 延伸思考

**職場 or 生活中，可聯想到的類似例子？**

啟動亮點

創業或是欲攻克某項專案時，所有人必須聚在一起辦公，確保變態級的溝通效率。

06

# 作戰指揮室——

## 外部變化愈劇烈，內部辦公愈集中

「集中辦公」作為一種獨特的溝通工具，在某個特定時期，比如創業初期，有不可替代的巨大價值。它還有一個高大上*的名字——作戰指揮室。

什麼叫作戰指揮室？

戰爭片中常常出現一個討論軍情的房間，有的牆上掛一幅滿是標記的地圖，有的房間中有一個專門製作的沙盤。核心將領、參謀、情報員等，都在這裡基於不斷獲得的軍事情報，討論、推演，隨時做出作戰決策。這個地方，就是作戰指揮室。

為什麼一定要有作戰指揮室？這是VUCA，也就是「易變（volatility）、不確定（uncertainty）、複雜（complexity）、模糊（ambiguity）」的戰爭局勢對溝通效率的變態要求的迫使。

軍事往往是最新科技、戰略和管理方法的源頭。作戰指揮室，後來被用在企業管理中：**外部愈是劇烈變化，內部愈要集中辦公。**

二〇一二年八月，蘇寧副董事長孫為民說：「不賺錢，也要攔截京東。」也許就是這句話，掀起了電商史上最慘烈的一次價格戰。

當月十三日晚，京東董事長劉強東發布微博：「今晚，莫名其妙地興奮。」第二天一早，劉強東再次發布微博：「京東大家電三年內零毛利！三年內，任何採銷人員加上哪怕一元的毛利，立即辭退！」當天，京東把一間會議室改為「打蘇寧指揮部」。

*高級、大器、上檔次（有品味）之意

這個「打蘇寧指揮部」，就是一個作戰指揮室，由劉強東親自掛帥，包括十二個市場、公關、銷售、大家電等部門的成員，時刻關注微博等網路用戶和對手的動向，及時制定策略。

根據作戰指揮室提供的情報，劉強東宣布了「零毛利」方案：全國招收五千名國美、蘇寧價格情報員，任何客戶到國美、蘇寧購買大家電時，拿出手機用京東客戶端比價，如果便宜數額不足百分之十，情報員現場發券，確保便宜百分之十。

幾天後，蘇寧易購三週年慶，劉強東連發四條微博，招招致命，發起狙擊，引起蘇寧易購的反擊、國美的參戰。最終國家發改委出面，叫停了這場大戰。

京東能如此犀利又咄咄逼人地進攻，跟快速匯聚訊息、瞬時做出決策的作戰指揮室有密切關係。

京東作為行業巨頭，打的是「專案戰」；作為初創公司，打的是「創業戰」。創業公司的辦公室就是作戰指揮室，所有人必須坐在一起，確保「變態級」的溝通效率。

建立作戰指揮室，為特定專案提供「變態級的溝通效率」，要注意什麼呢？

**第一，專用的作戰指揮室。**

不要在公用會議室門口貼上「作戰指揮室」標籤，然後有空才來開會，這起不到「變態級溝通效率」的作用。作戰指揮室要專用，牆上最好貼滿專案進度、最新數據、客戶反饋等資料。最好讓團隊搬進去辦公。

**第二，專設的快速作戰組。**

「屋裡只有兩類人，」亞馬遜組建快速作戰組時說，「決策者和按動開關的人。」每個部門只選一個人，只要一種聲音，因為沒時間爭論。

不讓誰進入快速作戰組同樣重要。不讓旁觀者入隊，他們會浪費時間；不讓無關的高層入隊，他們會徒增壓力。

**第三，專業的訊息展示板。**

商業世界中的訊息和數據，就是戰爭中的地圖和地形圖。大型專案，比如天貓「雙十一」，都有無數螢幕顯示關鍵訊息，供作戰組決策。小公司或小專案組，至少要有足夠多的白板，把最新的數據貼在上面。

掌握關鍵

## 作戰指揮室

作戰指揮室是在「易變、不確定、複雜、模糊」的商業世界中，透過強制集中辦公以獲得「變態級的溝通效率」。建立作戰指揮室要注意三點：一、專用的作戰指揮室；二、專設的快速作戰組、三、專業的資訊展示板。

延伸思考

**職場or生活中，可聯想到的類似例子？**

第7章

# 賽局工具

01 **納許均衡**—為何選擇「損人不利己」而非共贏

02 **囚徒困境**—如何把背叛轉為合作

03 **智豬賽局**—「搭便車」的占優策略

04 **公地悲劇**—如何避免「我不占便宜誰占」

05 **重複賽局**—誠信如何戰勝私利

06 **不完全資訊賽局**—不戰而屈人之兵

07 **拍賣賽局**—誰的時間最不值錢

08 **賽局遊戲**—有時也是吃人的陷阱

09 **零和賽局**—只轉移存量，不創造增量

10 **一報還一報**—至今無敵的賽局策略

啟動亮點

納許均衡就是一種賽局的穩定結果，誰單方面改變策略，誰就會損失。

## 01

# 納許均衡——為何選擇「損人不利己」而非共贏

有兩家人工智慧公司，「熟悉的陌生人」和「看透人心」，它們都在耕耘人臉辨識市場，但這項技術還處於「技術採用生命週期」的早期，用戶接受起來比較困難。於是兩位創始人商量共同培育市場，並立下君子協定：各投入一億元，大舉宣傳人臉辨識技術。這將給雙方各帶去兩億元收入，減去投入，可以各賺一億元。但如果只有一家投入，效果會差很多，一億元投入只能賺五千萬元，等於賠五千萬元，而未投入者會搭便車賺到兩千萬元。如果雙方都不投入呢？不賺不賠。

| 聯合宣傳策略 | | 熟悉的陌生人 AI 公司 | |
|---|---|---|---|
| | | 投入一億元 | 不投入 |
| 看透人心AI公司 | 投入一億元 | 熟悉的陌生人：<br>賺一億元<br>看透人心：<br>賺一億元 | 熟悉的陌生人<br>賺兩千萬元<br>看透人心：<br>賠五千萬元 |
| | 不投入 | 熟悉的陌生人：<br>賠五千萬元<br>看透人心：<br>賺兩千萬元 | 熟悉的陌生人：<br>不賠不賺<br>看透人心：<br>不賠不賺 |

顯然，共同投入是最優策略。

其中一家公司的創始人立刻召集團隊開會，部署一億元的行銷計畫。這時，行銷總監說：「老闆，一億元不是小數目。如果他們投了，我們不投，就可以白賺兩千萬元，讓他們倒虧五千萬元。那時我們再繼續乘勝追擊，擴大戰果，順便幹掉元氣大傷的對手，不是更好嗎？而且，假如我們真投了一億元，對方沒有投，我們不是會『死』得很難看？」

創始人聽完覺得很有道理，決定先看看對手的動作。等了幾個月，雙方都沒動作。創始人咬牙切齒：「還好我也沒投，不然死無葬身之地。」

這個「各懷鬼胎」的場景是不是很常見？明明「共同投入，共同獲利」是最優策略，為什麼雙方最後都選擇「損人不利己」呢？因為在這個制度設計下，損人不利己才是最優策略。要弄清這個問題，就要先理解美國數學家約翰．納許（John Nash）和其著名的「納許均衡」。

亞當．史密斯（Adam Smith）認為，透過市場這只「看不見的手」調節個體追求私利的行為，反而會促進集體利益最大化。但納許發現這個理論不對。在上面的案例中，雙方都不在乎「帕雷托最適」、社會福利函數最大化，他們只在乎一件事：如果自己投了錢而對方沒有，自己就會有巨大損失，這個風險是承受不起的。賽局到最後，一方不投入，另一方也不投入，大家都不投入。

而且，「都不投入」的結果一旦形成，就非常穩定。一方想改變現狀，決定單方面投入，會損失五千萬元；另一方決定單方面投入，也會損失五千萬元——誰也無法單方面改變現狀。這樣就形成一個穩定的「納許均衡」，雖然它是一個「壞的均衡」。

簡單來說，納許均衡就是一種賽局的穩定結果，誰單方面改變策略，

| 聯合宣傳策略 | | 熟悉的陌生人 | |
|---|---|---|---|
| | | 投入 1 億元 | 不投入 |
| 看透人心 | 投入一億元 | 熟悉的陌生人：賺一億元<br>看透人心：賺一億元 | 熟悉的陌生人：賠三千萬元<br>看透人心：不賠不賺 |
| | 不投入 | 熟悉的陌生人：不賠不賺<br>看透人心：賠三千萬元 | 熟悉的陌生人：不賠不賺<br>看透人心：不賠不賺 |

誰就會損失。

要想把「壞的均衡」變成「好的均衡」，必須改變制度設計。比如簽署違約條款：未投資者，賠償對方五千萬元。這時，「共同投入」就成為新的納許均衡，一個「好的均衡」。

納許均衡的提出，震動了整個經濟學界。諾貝爾經濟學獎得主薩繆森（Paul Samuelson）曾說：你只要教會一隻鸚鵡說「供給」和「需求」，它就能成為經濟學家。賽局論專家神取道宏說：現在這隻鸚鵡必須多學一個詞了，那就是「納許均衡」。諾貝爾經濟學獎得主羅傑．梅爾森（Roger Myerson）說：發現納許均衡的意義，可以和生命科學中發現 DNA(去氧核糖核酸)的雙螺旋結構相媲美。

有了納許均衡的視角,再去看整個商業世界,就像開了天眼一樣,在不同的制度設計下,滿眼都是「好的均衡」和「壞的均衡」。

比如價格大戰。寡頭們都不降價,獲得的收益是最大的。但如果一家悄悄降價,就會搶占巨大利益。所以,降價是寡頭們的最優策略,是導致利潤微薄的「壞的平衡」。而寡頭們通過制度設計,組成「托拉斯」(一種壟斷形式),形成價格同盟,走向「好的平衡」。接著政府透過制度設計,發表反托拉斯法,打破價格同盟,逼著寡頭們走向「壞的平衡」。

## 掌握關鍵

### 納許均衡

簡單來說，納許均衡就是一種賽局的穩定結果，誰單方面改變策略，誰就會損失。「看不見的手」未必會把自私的力量導向社會福利最大化。自私，可能會導致好的納許均衡，也可能會導致壞的納許均衡，關鍵是制度的設計。

## 延伸思考

**職場 or 生活中，可聯想到的類似例子？**

02

啟動亮點

「好的不均衡，壞的卻穩定」的囚徒困境，是賽局理論中最經典的案例。

# 囚徒困境——如何把背叛轉為合作

一九五〇年，美國數學家阿爾伯特．塔克（Albert Tucker）為了向一群心理學家解釋賽局理論，編了一個「囚徒困境」的故事：

囚徒A和B被隔離審訊。如果兩人彼此背叛，都坦白罪行，會被判刑八年。如果一人坦白，一人不坦白，坦白的人直接釋放，不坦白的人會被重判十五年。如果兩人合作，都不坦白呢？因為證據不足，都只判刑一年。

兩個囚徒應該怎麼做？顯然，「都不坦白」是最優策略，兩人判得最輕。但學過「納許均衡」就會明白，「都不坦白」是經不起考驗的最優

| 囚徒困境* | | A | |
|---|---|---|---|
| | | 合作（不坦白） | 背叛（坦白） |
| B | 合作（不坦白） | A: 合作報酬（R），判 1 年<br>B: 合作報酬（R），判 1 年 | A: 背叛誘惑（T），判 0 年<br>B: 受騙支付（S），判 15 年 |
| | 背叛（坦白） | A: 受騙支付（S），判 15 年<br>B: 背叛誘惑（T），判 0 年 | A: 背叛懲罰（P），判 8 年<br>B: 背叛懲罰（P），判 8 年 |

策略：如果一方選擇背叛，將立即獲釋，誘惑太大；就算一方守口如瓶，萬一對方背叛了呢？會被判十五年，風險太高。在利益的驅使下，「都不坦白」不是穩定的納許均衡。

那麼，「都坦白」呢？兩人都會獲刑八年。這時，如果一名囚徒決定守口如瓶，他的八年刑期將立刻變為十五年，而另一人則被釋放。如果兩名囚徒是理性的，他們都不會這麼幹。「都坦白」是囚徒困境中唯一穩定的納許均衡。

＊表格的T、R、P、S分別表示背叛誘惑（Temptation）、合作報酬（Reward）、背叛懲罰（Punishment）、受騙支付（Suckers）。

「好的不均衡，壞的卻穩定」的囚徒困境，是賽局理論中最經典的案例。

一個典型的囚徒困境，用數學的語言表述，其實就是滿足兩個條件的賽局：

第一個條件，背叛誘惑＞合作報酬。在上面的案例中，合作報酬是判刑一年，背叛誘惑卻是立即釋放。這將導致「都不坦白」不構成穩定的納許均衡。

第二個條件，受騙支付＞背叛懲罰。在上面的案例中，背叛懲罰是判刑八年，受騙支付卻是判刑十五年。這將導致「都坦白」成為穩定的納許均衡。

這就是「囚徒困境」的數學原理。理解了這兩點，破解方法也就顯而易見了：讓「合作報酬＞背叛誘惑」、「背叛懲罰＞受騙支付」。

具體怎麼做？下面我們向香港電影學習如何破解「囚徒困境」。

**第一，讓「合作報酬＞背叛誘惑」。**

怎樣才能提高合作報酬，也就是「不坦白」的收益？在香港電影中，如果囚徒死不招供，坐牢時就會有人帶話：「大哥讓我告訴你，家裡的事情不用擔心，老人、嫂子、孩子，我們都會照顧好。你出獄那一天，還會有一大筆現金。」這就是提高合作報酬。

怎樣才能降低背叛誘惑？一個坦白從寬的囚徒，如果因為背叛而被立即釋放，電影中通常會出現這樣的場景：一個冬日的夜晚，他走向自己的汽車，汽車在發動的一瞬間轟然爆炸。從賽局理論的角度看，其實就是用「有仇必報」的制度降低背叛誘惑。

黑社會老大也許沒學過賽局理論，但他在做的事情，就是努力讓「合作報酬＞背叛誘惑」，把「都不坦白」變為一個穩定的、對他來說好的納許均衡。

**第二，讓「背叛懲罰＞受騙支付」。**

把「都不坦白」變為納許均衡後，囚徒困境就有了兩個納許均衡：都不坦白和都坦白。下面就要摧毀「都坦白」這個「壞」的納許均衡。怎麼做？提高背叛懲罰，降低受騙支付。

怎樣才能提高背叛懲罰？除了打打殺殺的懲罰之外，香港電影裡的黑社會都在建設一種「忠義文化」。這種文化的本質，是增加心理上的背叛懲罰：不講義氣？那會被整個組織、江湖唾棄，甚至沒有立足之地。

怎樣才能降低受騙支付？囚徒被出賣了，兄弟們除了出錢幫他贍養家人之外，還會替他報仇，他的仇人就是兄弟們的仇人。這就是降低受騙支付。

黑社會老大繼續努力讓「背叛懲罰>受騙支付」，最終摧毀了「都坦白」這個對他來說壞的納許均衡。於是，透過制度設計，「都不坦白」就變成了唯一的納許均衡。

掌握關鍵

## 囚徒困境

「背叛誘惑>合作報酬」導致大家都想招供，「受騙支付>背叛懲罰」導致大家不願守口如瓶，這種困境就叫「囚徒困境」。

如何破解囚徒困境？我們可以向香港電影中的黑社會學習：第一，提高合作報酬，降低背叛誘惑，把「都不坦白」變成新的納許均衡；第二，提高背叛懲罰，降低受騙支付，打破「都坦白」這個原有的納許均衡。

延伸思考

**職場 or 生活中，可聯想到的類似例子？**

啟動亮點

在智豬賽局中，最後的納許均衡是「大豬踩板，小豬不動」下的小豬「搭便車」。

03

# 智豬賽局——「搭便車」的占優策略

智豬賽局是基於納許均衡的一個著名案例。

假設有一個很長的豬圈，一頭是踏板，另一頭是食槽。如果在這一頭踩下踏板，那一頭的食槽就會掉下十份食物。豬圈裡面有一隻大豬和一隻小豬。不管誰去踩踏板，都要消耗相當於兩份食物的能量。那問題來了，到底誰去踩踏板呢？會出現四種情況：

第一種，大豬、小豬都守在食槽邊，等著對方去踩踏板，這樣誰也吃不到食物。

| 智豬賽局 | | 大豬 | |
| --- | --- | --- | --- |
| | | 踩踏板 | 不踩踏板 |
| 小豬 | 踩踏板 | 大豬：5 小豬：1 | 大豬：9 小豬：－1 |
| | 不踩踏板 | 大豬：4 小豬：4 | 大豬：0 小豬：0 |

第二種，大豬、小豬同時踩踏板，然後同時跑向食槽，同時吃。大豬比較能吃，吃了七份食物，減去踩踏板消耗的兩份體能，實得五份；小豬則只吃了三份，實得一份。

第三種，大豬很懶，守在食槽邊不動，小豬跑去踩踏板。這時大豬就能吃得更多，獨得九份，而且因為沒有運動，實得九份；小豬踩完踏板跑到食槽邊，就只能吃到一份，減去跑步消耗的兩份體能，實得負一份。

第四種，小豬守在食槽邊不動，大豬跑去踩踏板。這時小豬能吃到四份，實得四份；大豬跑回來，還能搶到六份，實得四份。

根據「納許均衡」，大豬小豬的最佳策略是什麼？

大豬小豬的納許均衡是：大豬踩板，小豬不動。為什麼？

如果大豬單方面改變策略，不去踩踏板，策略集合將變為「大豬不動，小豬不動」，大豬的獲益將從四減為零，牠不會傻到這麼做。如果小豬單方面改變策略去踩踏板，策略集合將變為「大豬踩板，小豬踩板」，小豬的獲益將從四減為一，牠也不會這麼做。所以，「大豬踩板，小豬不動」，各自獲益四份食物，是一個穩定的納許均衡。

在「囚徒困境」中，雖然兩名囚徒各懷鬼胎，但是一榮俱榮、一損俱損，最後的納許均衡是「一損俱損」的彼此背叛。但是在「智豬賽局」中，居然出現了小豬明顯占優的現象，最後的納許均衡是「大豬踩板，小豬不動」下的小豬「搭便車」。

這就是著名的「智豬賽局」。對小豬來說，其實沒什麼好賽局的：不管大豬是踩還是不踩，不踩對小豬來說都是更好的選擇，小豬明顯占有優勢。不踩，在賽局理論的術語中叫小豬的「占優策略」。

這個有趣的「智豬賽局」理論，對商業世界有哪些啟示呢？

**第一，小企業要懂得合理「搭便車」。**

「搭便車」聽上去讓人有些不舒服，但是在法律允許的範圍內搭便車，是小企業重要的占優策略，應該毫不猶豫。其實，一些小企業不知不覺中可能已經在使用這個策略。

比如，小房地產商可以在萬達或者萬科專案的附近拿地，然後等待大地產商把生地炒熟，搭便車獲利。

比如，小製造企業可以等待大公司投入巨資，推出被驗證能盈利的新產品，然後搭便車進入市場分餅。

比如，小證券公司可以等待大證券公司不斷試錯，找到金融科技的基本玩法後，「搭便車」實施最優方案，分得市場。

比如，小國家的總統可以把「跟隨型戰略」當作國家戰略，不斷在科技、產業、創新上搭便車，等待成為大豬，再講「大國心態」。

**第二，大企業要懂得制約「小豬心態」。**

如果便宜都被小企業占了，那大企業怎麼辦呢？這對社會資源的分配是否不公平，甚至降低了效率呢？會不會導致大家都不創新呢？

專利保護就是防止「小豬心態」的制度設計。養豬的人規定，在食槽裡鎖定一塊區域，給踩到踏板的豬獨享。這樣，大豬就不用擔心自己跑去踩踏板，食物卻被小豬分光。小豬發現等待不是占優策略了，也會去踩踏板。

在管理中也一樣。如果懶人存在占優策略，就會劣幣驅逐良幣，導致勤奮的人受挫，陸續離開。怎麼辦？記住一個原則：踩踏板的豬一定要比不踩踏板的豬吃得多。激勵要給個人，不能給團隊，否則團隊中就會出現小豬。

## 掌握關鍵

### 智豬賽局

智豬賽局是一種特殊的納許均衡，搭便車的小豬擁有「不管大豬做什麼，小豬都不需要動」的占優策略。商業世界中，除了一榮俱榮、一損俱損的囚徒困境，還有大量的智豬賽局。小企業要懂得合理搭便車，大企業要懂得制約小豬心態。

## 延伸思考

**職場or生活中，可聯想到的類似例子？**

啟動亮點

公地悲劇是典型的「壞的納許均衡」。

04

# 公地悲劇——

## 如何避免「我不占便宜誰占」

某公司為了獲得長期穩定收益，公司老闆決定引入預算制管理，但又擔心預算制會限制靈活性。於是，在部門預算外留了一塊「公共預算池」，合夥人可以為了公司發展，自由動用裡面的錢。老闆覺得合夥人都是公司股東，為了保證利潤不會亂花錢，否則分紅也會減少。

然而，公司的合夥人想盡一切辦法打這筆錢的主意。就連平常最節儉的合夥人，都會想出很多理由來動用這筆錢。老闆百思不得其解，為什麼會這樣？這是因為，這個看似聰明的設計激發了賽局理論中「壞的納許均衡」——公地悲劇。

什麼是公地悲劇？

有一片公共牧場，所有牧民都可以在這塊牧場上放牧。每個牧場的草都是有理論容量的。當牛的數量在理論容量之下，牧場的草被吃掉後，又會很快長起來，生生不息。如果牛的數量太多，牠們吃草時就會連草根都吃掉，導致草場退化，最後所有牛都吃不飽，有的甚至被餓死。

顯然，最優的策略是：所有的牧民商量好，每家養的牛不能超過一定數量。比如，這一戶只准養五頭牛，另一戶家裡人多，可以養七頭牛。

一開始相安無事，幾天後，就有幾個自私的牧民多放了幾頭牛。其他牧民很氣憤，指責了幾句之後想：「我守規矩有什麼用？草地早晚要被別人糟蹋，不如我也分一點兒。」於是，愈來愈多的牛出現在草地上。最後，草場退化，牛群餓死。

這就是「公地悲劇」。公地悲劇的理論模型，是一九六八年由美國生態學家加勒特．哈丁（**Garrett Hardin**）首先提出的。這個模型再一次挑戰了亞當．史密斯「追求個人利益，將導致集體利益最大化」的假設，證明了納許的理論：賽局的多方可能會到達一個穩定的均衡狀態，但是這個均衡未必是對大家都好的「帕雷托最適」。

回到開篇的案例。公共預算池之所以會被不加節制地花完，就是因為這是一塊「公地」。每個合夥人在部門預算和公共預算共同存在時，都會想方設法先把公共預算花完。因為就算他不花，別人也會花的，最終造成公地悲劇。

公地悲劇其實隨處可見，比如，海洋漁業過度捕撈、偷排偷放汙染等，都是因為海洋、天空是「公地」，「我不捕撈，他也會捕撈」的「撈一把心態」，把保護環境變成了公地悲劇。

解決公地悲劇問題，一般有兩種方法。

**第一種，私有化。**

比如放牧問題，把牧場切割為十份，分給十個家族。牧場一旦私有化，牧民的「撈一把心態」就會消失，他們會有內在的動力，在放牧和保護牧場之間找到平衡。

比如公共預算池問題，把所有預算分到部門。當「這筆錢是我的」的時候，管理層就不會有「不花白不花」的心態了。

通過私有化，公地悲劇中「壞的納許均衡」就被破壞了。

**第二種，強管制。**

思想教育是重要的，卻未必能從根本上解決公地悲劇這個特殊的「壞的納許均衡」。如果有些公共資源沒有辦法私有化，比如海洋、空氣，可以用收費、發放許可證等制度來實現強管制。

比如放牧問題，可以把牧場圍起來，每頭牛收一百元的放牧費，發放養殖許可證。這實際上是對公共資源的定價和管制。

比如公共預算池問題，合夥人使用公共預算池裡的預算，必須由CEO單獨特批，並單獨考核其投資收益率。

比如海洋、天空等公共資源的保護，國家強制規定了禁捕期、網眼大小等。

反過來，能不能通過「設計」公地悲劇，反向獲得利益呢？古代的皇帝很講究「御臣之術」。皇帝會故意設計一塊「公地」，不講清楚歸誰管，讓大臣們在「公地」上打得你死我活，彼此爭鬥制衡，消耗內力，同時還對君王死心塌地。御臣之術的本質，就是故意製造公地悲劇。

### 掌握關鍵

## 公地悲劇

雖然善用公共資源可以為集體和個體帶來長遠收益，但是個體總會受到「何不撈一把」的誘惑，採取自私的短期策略，導致公共資源耗盡。怎樣才能克服公地悲劇呢？第一，把公共資源私有化，破壞納許均衡；第二，對無法私有化的資源加強管制。

### 延伸思考

**職場or生活中，可聯想到的類似例子？**

啟動亮點

把一次賽局變成重複賽局，總體利益就能抵抗短期誘惑，大家就會更講誠信。

05

# 重複賽局——誠信如何戰勝私利

看完「囚徒困境」、「智豬賽局」和「公地悲劇」之後，也許有些人會覺得：在巨大的利益面前，道德真的戰勝不了私利。可是，商業世界真的都是弱肉強食、背叛成性、目光短淺嗎？

一個人去菜市場買菜，走到一個攤位，拿了幾個番茄放在秤上。老闆說：「五．五元。」買菜的人說：「這麼貴啊！」老闆笑著說：「不會賣給你貴的，我在這裡賣菜又不是一天兩天了。」買菜的人聽了這句話，心中的疑慮頓時消散。為什麼「我在這裡賣菜又不是一天兩天了」有這麼大的魔力呢？

一個人去某海島城市旅行，來到一家小飯店，看到水缸裡有一種從未見過的魚，就好奇地問老闆：「這是什麼魚啊，多少錢一斤？」老闆以迅雷不及掩耳之勢，撈起那條魚摔死在地上，然後說：「深海石斑，三百元一斤。」這個人驚呆了，盯著地上那條剛被摔死的售價五百元的魚，心想如果不買單，躺在地上的恐怕就是自己了。小飯店的老闆到底哪裡來的膽量，敢如此肆無忌憚地敲竹槓？

要理解這些現象背後的邏輯，就要搞清楚賽局理論中一個極其重要的概念：重複賽局。

對大多數人來說，一輩子最多去同一座城市旅遊幾次，而兩次去同一家飯店吃飯的可能性幾乎為零。因此，遊客在飯店老闆的眼中就是「一錘子買賣」，專業術語叫「一次賽局」。在一次賽局中，飯店老闆的最優策略是什麼？當然是敲竹槓，反正顧客不會再來了。

但是社區門口菜市場的小攤販與顧客的關係是「重複賽局」：這次坑了顧客，下次顧客就不會來買菜了，說不定還會讓鄰居們都不來買菜。當把重複賽局的長遠利益考慮進來，一次賽局的得失就顯得不那麼重要了。

這就是重複賽局的力量。它似乎是治癒「損人未必利己」這種壞的納許均衡的良藥：把一次賽局變成重複賽局。

以前，我們常常批評商家不講誠信。為什麼？因為商家可以透過「消費者隔離」的手段，使每次交易都是單獨的一次賽局。有了電商之後，電商用「公開評論」的功能，把一個個一次賽局連接成無數次重複賽局，每一次交易都會影響下一次。因此，商家的態度熱情了，退貨積極了，也更有誠信了。

**什麼是誠信？誠信是一種心態，一種選擇與這個世界重複賽局的心態。**

怎麼用重複賽局的方法，獲得商業成功呢？

如果某旅遊景點的政府部門可以把向商家宣傳誠信經營的財務預算拿出來，和大眾點評網合作，或者建立類似的評價體系，把一次賽局變成重複賽局，就能自然提高商家的誠信度。甚至每年強制取締好評度低於百分之十的商家，更換新鮮血液，刺激商家提高誠信度。

反過來說，顧客去一家明顯打算一次賽局的飯店、商鋪時，該怎麼和店員討價還價呢？對餐廳，顧客的基本策略是告訴對方，自己是本地人；對商鋪，顧客的基本策略是告訴對方，自己的家就住在旁邊；對品牌，顧客的基本策略是告訴對方，自己是它們的老客戶。這都是通過把一次賽局變成重複賽局，來喚醒商家的誠信。

千萬不要跟對方說：「我明天就要搬家了。」這麼說等於告訴對方：「這是我們之間最後一次重複賽局。」對方的心態很可能立刻從重複賽局變成一次賽局，放棄誠信。

這就是為什麼每次盛傳世界末日的謠言時，有的地方會出現打砸搶事件。文明的商業社會建立在「無限次重複賽局」的假設前提下，一旦末日論盛行，就意味著所有的重複賽局馬上變回一次賽局，有些人立刻撕下文明的面具，社會立刻變得野蠻。

掌握關鍵

## 重複賽局

當賽局雙方是「一錘子買賣」的時候，雙方很可能會選擇損人未必利己的「壞的納許均衡」。但如果雙方都知道同樣的賽局會無限次重複下去，他們就會把重複賽局的總體利益作為更重要的衡量標準，克服短期損人未必利己的誘惑。誠信，就是把一次賽局變成重複賽局；文明的商業社會，就是把有限次重複賽局變成無限次重複賽局；而重複賽局，是治療壞的納許均衡的終極解藥。

延伸思考

**職場 or 生活中，可聯想到的類似例子？**

06

啟動亮點

透過製造資訊不對稱，獲得策略優勢。

# 不完全資訊賽局——

## 不戰而屈人之兵

到目前為止討論的賽局理論，都基於一個假設：資訊對賽局雙方是完全對稱的。但在現實生活中，大部分賽局的資訊是不完全對稱的。

囚徒困境裡，兩個囚徒都不坦白，會各判一年；其中一個囚徒獨自坦白，會立即釋放，另一個囚徒被判十五年；若都坦白，各判八年。不管怎麼決策，這些資訊至少是囚徒雙方都知道的。這叫「完全資訊賽局」。

但是，萬一警察給雙方的坦白條件不一樣，而囚徒彼此卻不知道呢？萬一一個囚徒的仇家給了另一個囚徒好處，他寧願自己受重判，也要讓對方多獲判刑呢？這些資訊會嚴重影響賽局策略。這就叫「不完全資訊賽局」。

在現實生活中，不完全資訊賽局遠遠多於完全資訊賽局。A公司通過長期耕耘，占據了支配性的市場地位和豐厚的利潤。B公司非常眼紅，也想進入市場分一杯羹。A公司面臨一個艱難的選擇：是降低售價，使B公司覺得無利可圖，從而阻撓其進入市場呢？還是不降價，默許B公司進入市場？

阻撓，當然會帶來利潤損失，但保住了市場占有率；默許，雖然沒降價，但B公司進入後會分掉市場占有率，也會帶來利潤損失。顯然，A公司的賽局策略是：比較阻撓成本和默許成本，看哪一個成本更高。

同樣，對於B公司，要不要大舉投入、拚死進入呢？如果A公司阻撓成本更高，很可能會默許自己進入，自己就有利可圖；但如果阻撓成本不高，A公司一定會降價求生，自己就會血本無歸。所以，B公司的賽局策略也是：比較A公司的阻撓成本和默許成本，看哪一個成本更高。

「阻撓成本有多高」這個訊息，A公司很清楚，B公司卻不知道。這就是「不完全資訊賽局」。

> 不完全資訊賽局，就是指在不充分瞭解其他參與人的特徵、策略空間以及收益函數的情況下進行的賽局。

這個話題涉及太多的數學知識，比如「貝氏賽局」（Bayesian game）、「海薩尼轉換」（Harsanyi transformation）等。

假設A公司的阻撓成本很高，在完全資訊賽局中不加阻撓，默許B公司進入市場，是對雙方最有利的納許均衡。但是，在不完全資訊賽局中，A公司就有了一個特殊的賽局策略——「空城計」。A公司可以跟媒體說：「歡迎友商加入市場」，等這些公司進入了，再「關門打狗」，讓它們賺不到錢。

那B公司呢？既然A公司用空城計，B公司就可以用「木馬計」，派人假裝面試A公司的高級職位，深入打探A公司的真實營運情況。如果發現A公司在虛張聲勢，就可以乘虛而入。

在不完全資訊賽局下，維護和打破資訊不對稱成為雙方最重要的策略。理解了這一點，再看看傳統的賽局智慧《三十六計》中的瞞天過海、圍魏救趙、聲東擊西、暗度陳倉、渾水摸魚等，本質都是一樣的：透過製造資訊不對稱，獲得策略優勢。

空城計在賽局理論中有一個類似的策略，叫作「鬥雞賽局」：兩隻公雞狹路相逢，哪隻雞張牙舞爪、看上去更凶，就會嚇退另一隻雞，不戰而屈人之兵。「鬥雞賽局」在大國之間的政治賽局中經常使用，透過故意製造資訊不對稱，模糊對方對賽局策略的預測性，嚇退對手，不戰而勝。

掌握關鍵

## 不完全資訊賽局

這是在不充分瞭解其他參與人的特徵、策略空間以及收益函數的情況下，所進行的賽局。資訊不完全對稱的時候，你可以用「空城計」虛張聲勢，我可以用「木馬計」刺探軍情。

延伸思考

**職場 or 生活中，可聯想到的類似例子？**

07

# 拍賣賽局——誰的時間最不值錢

啟動亮點

**在不完全資訊賽局中，拍賣是一個非常聰明且重要的策略。**

二〇一七年四月，旅客們陸續登上美聯航 UA3411 航班，等待起飛。這時機組人員突然宣布：因為有四位工作人員要搭乘本航班，所以需要四位旅客下飛機，這四位旅客將會獲得補償金。

下機的旅客因此多花五小時逗留機場，補償金就是購買這五小時的價格。可是，每位旅客的時間成本並不一樣，讓「時間最不值錢」的旅客下飛機，並為此支付最少的補償金，就成了航空公司的目標。但是，誰的時間最不值錢呢？工作人員啟動了對付不完全資訊賽局的一個「殺手鐧」：

拍賣。

工作人員從一百美元開始報價，有沒有旅客願意下飛機？沒有。那就兩百美元？三百美元？時間成本不到兩百美元的旅客，會不會等到報價三百美元才舉手呢？一般不會。因為如果貪心等到三百美元，就有被別人搶先舉手的風險。我遇到過好幾次「登機口拍賣」，大概在四百美元左右就出現志願者了。

航空公司在不完全資訊賽局中，用拍賣的手段讓「時間最不值錢」的旅客主動站了出來，並支付了最少的補償金。

有這麼好的策略，為什麼美聯航最後還是把一名旅客拖下了飛機，激起眾怒呢？因為美聯航在拍賣規則裡設定了一千三百五十美元的上限，不巧的是，那架航班上的每個人都覺得自己的時間比一千三百五十美元貴。事發後，美聯航把拍賣上限調整為一萬美元。

在不完全資訊賽局中，拍賣是一個非常聰明且重要的策略。那麼，怎樣才能利用好拍賣策略呢？

**第一種，英國式拍賣。**

英國式拍賣，就是從一個底價開始，透過不斷競價，激發參與者報出愈來愈接近其心理價位的價格，最後價高者得的拍賣模式。英國式拍賣是最常見的拍賣。拍賣行的古董拍賣、慈善晚宴的善品拍賣，都是英國式拍賣。

如果擔心成交價過低，可以設定一個「保留價」，最後叫價沒超過保留價的話，交易作廢。如果擔心報價不踴躍，可以設定一個「速勝價」或「一口價」，當某競拍者選擇不逐級加價，從底價直接報到「速勝價」，就不再競拍，直接成交。

**第二種，荷蘭式拍賣。**

荷蘭式拍賣是一種「降價拍賣」，因荷蘭人用這種方法拍賣鬱金香而得名。鬱金香的價值隨著時間不斷遞減，賣家也因此不斷降低報價，直到達到買家的心理價位，最終成交。

在現實生活中，荷蘭式拍賣並不多見。但經常做採購招標的機構，可以試試荷蘭式拍賣和日本式拍賣的結合體。

日本式拍賣指的是：只有上一輪出價者才能參與下一輪出價。

比如，某公司要採購一批辦公用品，邀請十家供應商參與競標。用荷蘭式拍賣，從十萬元開始降價競拍，假如有八家同意以十萬元供貨，請另兩家退場，不再參與下一輪競標。再把招標價降為九萬元，這八家中也許就只有五家能接受了；繼續降為七萬元，有兩家接受；降為六萬元，只剩一家。最後，該公司以六萬元的價格和這家供應商簽署採購合約。

**第三種，密封式拍賣。**

如果競標者原本願意以四萬元供貨，在逐漸降價的荷蘭式拍賣中，最後以六萬元成交，這家公司不就虧了嗎？那可以試試密封式拍賣。請所有競標者把各自報價寫在密封的信封裡，分別交給這家公司。這種密封式的荷蘭式拍賣，由最低價得標，又叫「暗標」。上海的汽車牌照就是密封式的英國式拍賣，由最高價得標，又叫「暗拍」。

密封式拍賣讓參與者完全不知道別人的出價，參與者只好直接叫出最接近自己心理價位的報價，以提高成交機會。

**第四種，維克瑞拍賣。**

維克瑞拍賣，又稱「第二價格密封式拍賣」，出價最高者競拍成功，但是只用支付第二高的報價，而不是他自己的報價。

為什麼會有這麼奇怪的拍賣方式？因為密封式拍賣會讓競拍者保守地寫出略低於自己心理價位的最高價。但如果出價最高者贏得拍賣，卻只需要支付第二高價的金額，就會激發競拍者寫出高於自己心理價位的價格。最後，成交價會遠高於預期。谷歌、百度、阿里巴巴的競價排名廣告，用的都是維克瑞拍賣。

掌握關鍵

## 拍賣賽局

拍賣賽局的核心邏輯，就是在不完全資訊賽局中，盡量激發參與者們「自相殘殺」，以獲得最高收益。常用的拍賣策略包括英國式拍賣、荷蘭式拍賣、密封式拍賣、維克瑞拍賣等。

延伸思考

**職場 or 生活中，可聯想到的類似例子？**

## 08

# 賽局遊戲——

## 有時也是吃人的陷阱

啟動亮點

**無論賽局如何變化，在「莊家穩贏」的鐵律下，永遠都是輸光的玩家。**

有兩個有趣的賽局論遊戲。

第一個遊戲叫作「拍賣美元」。

一個人手上有一張一美元紙幣，不是紀念幣，不是錯版幣，就是一張普通的紙幣。從零底價開始，以五美分為增幅，拍賣這張一美元，出價最高者得。但是請記住：出價次高者，也需要支付他的報價。

有人可能會想，零底價拍一美元，怎麼都不會虧。別人出五美分，我可以出十美分、二十美分、三十美分、四十美分、五十美分！

這時，有些人冷靜下來，意識到，如果超過五十美分還有人出價的話，比如出價最高者五十五美分，次高者五十美分，加在一起就已經超過一美元的價值了。五十美分是分界線，過了這條線，莊家穩賺不賠。

那要不要終止出價呢？出五十五美分的人當然同意，但出五十美分的人可能不會答應。因為如果不繼續出價，這五十美分就會白白損失。他繼續出價六十美分，並希望出價五十五美分的競價者放棄，這樣他還能淨得四十五美分。可出價五十五美分的人當然也不會放棄。最後，兩個人一直出價到了九十五美分和一美元。

這時，兩位競價者意識到，如果出價九十五美分的人繼續出價到一〇五美元或者更高，不管怎麼樣都虧了。但是，次高者不出價的話，會虧九十五美分；繼續出價而對方放棄的話，則只虧五美分。他一咬牙，在一個必輸的遊戲中繼續出價。遊戲愈來愈驚心動魄，直到其中一個人徹底崩潰。

「拍賣美元」是一個著名的賽局陷阱。它的設計機制是讓第一名贏家通吃，第二名顆粒無收，這必然導致前兩名非理性競價，最後玩家雙輸，莊家獲益。

怎麼跳出莊家的賽局陷阱？

第一，不要參與。一旦參與，就有被套牢的可能性。

第二，在出價不到五十美分時，玩家結成同盟，用五美分拍下一美元，然後分享九十五美分的收益。

第三，如果同盟很難結成，第一個人直接出價一美元，不賺不賠，讓其他玩家失去出價的意義。

第四，進入兩家糾纏階段時，比如〇．九五美元和一美元，一方直接報價二美元，用損失一美元的代價終止遊戲，避免糾纏升級到失控。

那麼，現實生活中有沒有這種現象？

當然有。比如團購網站的「千團大戰」。當千團大戰變為兩家互搏後，二者必須不停燒錢出價，直到把另一家逼出市場，最後贏家通吃。它們不斷對外公布已獲得的巨額投資，就相當於「拍賣美元」的遊戲中從〇．九五美元直接報到二美元，希望嚇退對手。但誰也不讓步。最後，兩家出價都要突破臨界點時，坐下來談判，停止出價，合併分享市場。

第二個遊戲叫作「三分之二」。

一個人找一群朋友，請每個人寫一個零～一百之間的整數交給他。誰寫的數字最接近所有整數的平均數的三分之二，就算贏。

這個數是多少呢？零～一百的平均數是五十，其三分之二大約是三十三，那就寫三十三吧。但是，只要不是太笨的人，應該都能想到這一層，都會寫三十三吧？那是不是應該寫三十三的三分之二，也就是二十二呢？不過，其他人估計也會想到兩層。要不然還是寫二十二的三分之二，也就是十五吧……

這個實驗的結果取決於參與者腦迴路的圈數。腦迴路圈數愈多的群體，最後獲勝的數字愈低。一九八七年，美國《金融時報》在讀者群體中做了這個實驗，最後的平均數是十八．九，寫十三的人拔得頭籌。在耶魯大學做的實驗中，寫十的人贏了。

現實生活中有沒有這種現象？

當然有。A電商故意在招聘網站上發布廣告，招聘無人駕駛專家。媒體看到後，大肆宣揚說這家電商要轉型了。但這家電商的對手B知道A發布的是假消息，目的在於轉移自己的注意力。而A電商知道B懂自己，所以發布的其實是真消息。接著，B電商知道A瞭解自己，於是假裝把這當成假消息，其實嚴陣以待。到底發布的是真消息還是假消息，取決於對競爭對手腦迴路圈數的判斷。

掌握關鍵

## 賽局遊戲

有兩個有趣的賽局遊戲「拍賣美元」和「三分之二」，考驗參與者的賽局邏輯。前者的設計機制是讓第一名贏家通吃，第二名顆粒無收，就會導致兩家非理性競價，結果玩家雙輸，莊家獲益；後者則是考驗參與者的腦迴路圈數，圈數愈多的群體，最後獲勝的數字愈低。

延伸思考

**職場or生活中，可聯想到的類似例子？**

09

# 零和賽局——只轉移存量，不創造增量

啟動亮點

零和賽局真的存在嗎？要怎麼避免零和賽局？

一個人和妻子商量，為了健康，兩人要堅持每天跑步。他甚至參考「對賭基金」設計了一個規則：每天誰偷懶了，就要輸給對方一百元。但是執行了幾個月後，這個人發現妻子的動力明顯不足。

為什麼會這樣？是因為激勵金額不夠大嗎？還是因為激勵方式不對呢？都不是。其實是因為，這個人的錢和他妻子的錢，其實都是同一個錢包裡的。妻子有一天突然恍然大悟：「錢包裡的錢本來全都是我的嘛！」她的動力就消失了。這場比賽就是一場「零和賽局」。

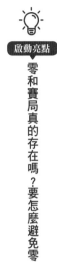

零和賽局是賽局論中的一大類，也是飽受爭議的一類，因為它涉及價值觀問題。有人把零和賽局稱為「西方最邪惡的兩個理論」之一（另一個理論是「社會進化論」）。因為零和賽局背後的基本邏輯似乎是「你死我活」。

有一些零和賽局很明顯。比如剪刀石頭布，一方贏必然建立在另一方輸的基礎上。再比如賭博，一方贏一元，另一方必然會輸一元。而且因為賭場有抽成，贏的錢和輸的錢加一起甚至會是負數。這叫「負和賽局」。

還有一些零和賽局就沒那麼明顯了。比如，兩個人打高爾夫球，各出一千元賭輸贏。這是零和賽局嗎？是的，因為一個人贏一千元，必然建立在對方輸一千元的基礎上。

但是，如果有人贊助了比賽呢？贏的一千元不用輸的一方出，而是由贊助商出，這還是零和賽局嗎？那就不是了。因為不管誰贏，收益加在一起都是一千元，大於零。這就變成了「正和賽局」。也就是說，贏的錢不是從對方的碗裡拿的，而是從鍋裡拿的。

然而，如果把兩個下賭注的人和贊助商三者都當成賽局方的話，這一千元其實只是從一個人的口袋到了另一個人的口袋，有人贏錢就有人出錢，並沒有增量。從「鍋」的角度看，這還是零和賽局。

不過別急，贊助商不會白出錢，它把這場比賽的電視轉播權以五千元的價格賣給了一家本地電視臺。這樣一來，兩個下賭注的人和贊助商的總體收益就從零元變成了五千元。這五千元中，一個人因為贏球拿了一千元，贊助商拿了四千元：三方又變成了正和賽局。

然而，如果把下賭注的兩個人、贊助商和本地電視臺四方都當成賽局方的話，又變成了零和賽局。從「田」的角度看，所有的「鍋」裡的飯，都是零和賽局。

不過別急，電視臺會通過收廣告費的方式拉入廣告主，廣告主會透過投放廣告的方式拉入消費者，消費者又拉入雇主……如此往覆，不斷擴大。零和賽局與正和賽局的交疊擴大，誇張一點說，最終甚至可以推演到整個宇宙。

零和賽局真的存在嗎？存在，但是它只存在於封閉系統內部。

要怎麼避免零和賽局呢？

**第一，打開封閉系統。吃著碗裡的，看著鍋裡的，想著田裡的，尋求增量。**有了外來的太陽能，地球上所有的生物才不是零和賽局。

**第二，確定存量分配規則，不容賽局。**

比如，交通資源是有限存量，如果汽車在馬路上隨便開，再寬的馬路都會水洩不通。怎麼辦？制定存量交通資源的分配規則，如「所有車輛必須靠右行駛」，杜絕零和賽局，甚至負和賽局。

比如，逃生資源是有限存量，人們都爭搶就會產生堵塞，最後一個都逃不掉。怎麼辦？宣傳社會規範，如孩子、婦女、老人先走。必須有個順序，杜絕零和賽局或者負和賽局，這樣才能使更多人獲救。

比如，創業公司已經獲得的利潤是有限存量。如果賺到了錢之後再討論怎麼分，就會你爭我奪，唯恐自己吃虧，沒人有心思關心客戶。怎麼辦？先分錢，再賺錢。分錢邏輯確定後，不容賽局，大家才會去想怎麼創造增量。

掌握關鍵

## 零和賽局

一方贏一元，對方就會輸一元，輸贏之和為零的博奕，叫零和賽局。零和賽局會導致你死我活的內部競爭。但是，往賽局中加入增量，零和賽局就會變成正和賽局。打開封閉系統，吃著碗裡的，看著鍋裡的，想著田裡的，確定存量分配規則，不容博奕，是解決零和賽局的最佳策略。

延伸思考

**職場 or 生活中，可聯想到的類似例子？**

10

啟動亮點

用懲罰回報惡行，用善行回報善行。

# 一報還一報——至今無敵的賽局策略

什麼叫「一報還一報」？

「囚徒困境」中，雖然「合作」對雙方都是最有利的，但囚徒往往會因為自私和不信任，選擇彼此背叛，兩敗俱傷。這種壞的納許均衡令人沮喪：難道人的天性就不適合合作？為此，美國密西根大學教授、《合作的競化》（*The Evolution of Cooperation*）作者羅伯特·艾瑟羅德（Robert Axelrod）決定做個實驗。

羅伯特寫信給不同背景的學者，請他們把自己應對「囚徒困境」的賽局策略寫成電腦程式。羅伯特收到了十四個程式，然後他讓這些程式配對廝殺，最後按總得分排名。

著名的「一報還一報」終於出場了。排名最高的策略由加拿大賽局論心理學家阿納托爾・拉波波特（Anatol Rapoport）教授提出，其基本邏輯是：第一回合採取合作策略，然後每一回合都採取上一回合對手的策略，也就是所謂的「人不犯我，我不犯人；人若犯我，我必犯人」。

這個策略聽起來很簡單，但就是這麼簡單的「一報還一報」，居然在十幾萬次重複賽局的「囚徒困境」中獲得了冠軍。

為了驗證「一報還一報」的威力，羅伯特很快又組織了第二場比賽。這次他收到了六十二個程式，其中有不少程式專門針對「一報還一報」做了改進，包括多次合作後突然背叛的「狡猾策略」、總是選擇合作的「老好人策略」等。但最後依然是原生的「一報還一報」獲勝。羅伯特繼續公開徵集能打敗「一報還一報」的程式，二十多年過去了，「一報還一報」至今無敵。

中國有句成語叫「以德報怨」。這句成語其實出自《論語》——或曰：

「以德報怨，何如？」子曰：「何以報德？以直報怨，以德報德。」翻譯成白話就是，有人說：「用善行回報惡行，怎麼樣？」孔子說：「那用什麼回報善行？用適當的懲罰回報惡行，用善行回報善行。」

孔子所說的「以直報怨，以德報德」，就是美國羅伯特教授說的「一報還一報」。

那麼，在現實生活中，應該怎麼運用「一報還一報」的賽局策略呢？

**第一，本性善良。**

最初總以善意待人。在沒有被欺騙之前，永遠不要主動欺騙他人。比如，和商業夥伴簽署合作協議，要嚴格兌現承諾。

**第二，以直報怨。**

如果對手選擇背叛，必須立刻反擊。比如，商業夥伴欺騙了你，提供劣質產品、延期交付等，你要毫不猶豫地報復、懲罰，扣除違約金。

**第三，以德報德。**

懲罰過後，繼續善意待人。商業夥伴更換了劣質產品，賠禮道歉，並對你做出真誠的補償後，要不計前嫌，繼續合作。

**第四，規則清晰。**

本性善良，以直報怨，以德報德，這三步一定要毫不猶豫地堅決執行，這樣的賽局策略就會非常清晰，很容易被對手識別，激發對手的合作動機。

### 掌握關鍵

## 一報還一報

就是所謂的人不犯我，我不犯人；人若犯我，我必犯人。「一報還一報」是解決囚徒困境的最佳策略，應用時需要記住四點：第一，本性善良；第二、以直報怨；第三、以德報德；第四、規則清晰。

### 延伸思考

**職場or生活中，可聯想到的類似例子？**

NOTES

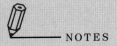

實用知識73

# 每個人的商學院・個人進階

## 培養蓄電量不衰減的內在系統

作 者：劉潤
責任編輯：游函蓉、林佳慧
校 對：游函蓉、林佳慧
封面設計：木木 lin
美術設計：廖健豪
行銷公關：石欣平
寶鼎行銷顧問：劉邦寧

發行人：洪祺祥
副總經理：洪偉傑
副總編輯：林佳慧
法律顧問：建大法律事務所
財務顧問：高威會計師事務所
出 版：日月文化出版股份有限公司
製 作：寶鼎出版
地 址：台北市信義路三段 151 號 8 樓
電 話：（02）2708-5509 傳真：（02）2708-6157
客服信箱：service@heliopolis.com.tw
網 址：www.heliopolis.com.tw
郵撥帳號：19716071 日月文化出版股份有限公司

總經銷：聯合發行股份有限公司
電 話：（02）2917-8022 傳真：（02）2915-7212
印 刷：禾耕彩色印刷事業股份有限公司
初 版：2020 年 8 月
定 價：380 元
I S B N：978-986-248-899-7



國家圖書館出版品預行編目資料

每個人的商學院 . 個人進階：培養蓄電量不衰減的內在系統 / 劉潤著 . -- 初版 . -- 臺北市：日月文化 , 2020.08
304 面 ; 14.7×21 公分 . --（實用知識 ; 73）
ISBN 978-986-248-899-7（平裝）

1. 職場成功法 2. 商業管理

494.35 109008138

日月文化集團
HELIOPOLIS
CULTURE GROUP

客服專線 02-2708-5509
客服傳真 02-2708-6157
客服信箱 service@heliopolis.com.tw

廣告回函
台灣北區郵政管理局登記證
北台字第 000370 號
免貼郵票

# 日月文化集團 讀者服務部 收

10658 台北市信義路三段151號8樓

對折黏貼後，即可直接郵寄

日月文化網址：**www.heliopolis.com.tw**

## 最新消息、活動，請參考 FB 粉絲團

大量訂購，另有折扣優惠，請洽客服中心（詳見本頁上方所示連絡方式）。

大好書屋　寶鼎出版　山岳文化

EZ TALK　EZ Japan　EZ Korea

大好書屋・寶鼎出版・山岳文化・洪圖出版　EZ叢書館　EZKorea　EZTALK　EZJapan

感謝您購買 每個人的商學院．個人進階 培養蓄電量不衰減的內在系統

為提供完整服務與快速資訊，請詳細填寫以下資料，傳真至02-2708-6157或免貼郵票寄回，我們將不定期提供您最新資訊及最新優惠。

1. 姓名：＿＿＿＿＿＿　性別：□男　□女
2. 生日：＿＿年＿＿月＿＿日　職業：
3. 電話：（請務必填寫一種聯絡方式）
（日）＿＿＿＿（夜）＿＿＿＿（手機）＿＿＿＿
4. 地址：□□□＿＿＿＿＿＿
5. 電子信箱：＿＿＿＿＿＿
6. 您從何處購買此書？□＿＿＿＿縣/市＿＿＿＿書店/量販超商
□＿＿＿＿網路書店　□書展　□郵購　□其他
7. 您何時購買此書？　年　月　日
8. 您購買此書的原因：（可複選）
□對書的主題有興趣　□作者　□出版社　□工作所需　□生活所需
□資訊豐富　□價格合理（若不合理，您覺得合理價格應為＿＿＿＿）
□封面/版面編排　□其他＿＿＿＿＿＿
9. 您從何處得知這本書的消息：□書店　□網路／電子報　□量販超商　□報紙
□雜誌　□廣播　□電視　□他人推薦　□其他
10. 您對本書的評價：（1.非常滿意 2.滿意 3.普通 4.不滿意 5.非常不滿意）
書名＿＿＿內容＿＿＿封面設計＿＿＿版面編排＿＿＿文/譯筆＿＿＿
11. 您通常以何種方式購書？□書店　□網路　□傳真訂購　□郵政劃撥　□其他
12. 您最喜歡在何處買書？
□＿＿＿＿縣/市＿＿＿＿書店/量販超商　□網路書店
13. 您希望我們未來出版何種主題的書？＿＿＿＿＿＿
14. 您認為本書還須改進的地方？提供我們的建議？

預約實用知識，延伸出版價值